Pythonによる
アルゴリズム設計

博士（工学） 神野 健哉 著

コロナ社

ま　え　が　き

アルゴリズムという言葉はアル・フワーリズミー（al-Khuwārizmī）[†1]が基になったとされる[1)†2]。アル・フワーリズミーは代数学の祖であり，彼の著書の冒頭に Algoritmi dicti（アル・フワーリズミーに曰く）という一節があり，これがアルゴリズム（algorithm）の語源になったといわれている。

アルゴリズムは日本語では「算法」と訳され，ある問題を解くための手順や計算方法のことを指す。この手順に曖昧さがなく示されていれば，必要な時間はともかくとして誰にでも必ず問題を解くことができ，同じ答えに行き着くことができる。この性質はまさにコンピュータプログラムに必要なものであり，与えられた問題を解くための正しい手順を曖昧さがないプログラムとして記述することができれば，コンピュータは与えられた問題に対して正しく答えを出すことができる。コンピュータの命令一つひとつはコンピュータ自身に計算を指示するものであり，これをアルゴリズムに従って正しい順序で記述することでプログラムは正しく動作する。したがって正しく動くプログラムを作るためには，曖昧さのないアルゴリズムをまずは記述する必要がある。

また同じ問題を解くアルゴリズムは複数存在する場合があり，さらには同じアルゴリズムであっても，コンピュータに対する命令をどのような順で与えるかによって計算効率が変化する。プログラムは正確に，かつできるだけ高速に計算できることが重要である。コンピュータのハードウェアも日々革新が進んでおり，同じ計算の速度は非常に速くなっているが，アルゴリズムを見直すことで，ハードウェアの進展よりもはるかに速く計算結果が得られるようになることは多い。このためアルゴリズムはコンピュータプログラムで最も重要なものである。

本書では 1950 年代から 1960 年代に生まれた非常に有名なアルゴリズムを，近年非常によく用いられるようになったプログラミング言語「Python」[†3]で実装し，内容を解説する。Python はオブジェクト指向型インタープリタ言語である。インタープリタ言語は他のコンパイラ型言語と呼ばれるプログラミング言語よりも実行速度が劣る。しかしながらコンパイラ型言語と比較して非常に容易にプログラムを試し，修正することが可能である。このため最初にアルゴリズムを実際に動作させながら学ぶことに非常に適したコンピュータ言語であるといえる。また，アルゴリズムはその計算手順だけでなく，問題を解決するためのデータをどのような形式で扱うのかが非常に重要である。Python では従来のコンピュータ言語と比較してさまざまな形式

[†1]　al-Khuwārizmī（780-850 頃）：8 世紀後半から 9 世紀前半のイスラム科学者。
[†2]　肩つき数字は巻末の引用・参考文献を示す。
[†3]　https://www.python.org/

のデータ構造を使用することができ，これらのデータ構造を使用することで，従来のプログラムよりも簡潔に内容を記述することができる。

　本書では，ある目的を解決するアルゴリズムをできるだけ複数紹介するようにした。これは冒頭で述べたように，同じ目的で同じハードウェアを使用しても，その処理速度がアルゴリズムによって大きく異なることを感じてもらうためである。特に近年，ビッグデータに注目が集まり，非常に大規模なデータを取り扱うようになった。そのような際にはアルゴリズムの良し悪しが処理時間に大きく影響を与える。各章の章末問題では処理するデータ数を極力変えられるような問題を用意し，さまざまなアルゴリズムが，問題の大きさによって処理速度がどのように変化するのかを実際に体感できるようにした。

　アルゴリズムを理解するためにはまずはその概念を理解し，つぎにそれをどのように実装するのかを考えることが重要である。最初は本書に掲載しているプログラムを「写経」し，それらを改変していくことがプログラムを作成する能力のために必要である。これらの基本となるアルゴリズムを基に，機械学習などさまざまな応用につながることも意識してほしい。

　本書は，東京都市大学情報工学部知能情報工学科で1年生に開講している専門科目「アルゴリズム設計」での講義を基に執筆している。全14章で構成されており14回の講義に対応する。

　本書が一人でも多くの人の「アルゴリズム」の理解につながることを願っている。

2022年8月

神野 健哉

目　　　次

1.　アルゴリズムとは

2.　Selection sort と Bubble sort

3.　Merge sort と再帰関数

4.　Quick sort とリスト内包表記

5. 計 算 量

6. 検 索

7. グラフと Union-Find アルゴリズム

8.　最 小 全 域 木

9.　幅優先探索（BFS）と深さ優先探索（DFS）

10.　最 短 経 路 問 題

11.　最大フロー問題

12.　最大マッチング問題・割当問題

13.　ナップサック問題

14.　敵 対 探 索

1 アルゴリズムとは

ある処理をコンピュータでさせる際に，その処理を具体的にどのように計算をさせるのかという処理手順のことをアルゴリズムという。処理目的が同一で，同一のコンピュータで計算させる場合でも処理手順によって処理時間が異なる。いかに効率よくコンピュータで処理させるかを考えることがアルゴリズムを考えることである。アルゴリズムを考える際に重要となるのが処理対象のデータの構造である。処理する対象のデータをどのような構造で準備するかによって処理時間は大きく異なる。

1.1 アルゴリズムの要件

アルゴリズム（algorithm）とは，ある問題を解決するための処理手順のことである。解決手段は計算可能といえるので，計算可能なものを計算する手段がアルゴリズムである。アルゴリズムをコンピュータ上で動作するようにソフトウェアで実装したものをプログラムという。

アルゴリズムは以下のような要件を満足することが要求される。

1.1.1 停　止　性

どのような入力があった場合でも，有限時間内に必ず停止できることを**停止性**（halting problem）という。停止性が保証されない処理手順では計算が終了せず，解が得られない可能性がある。このような停止性が保証されない処理手順はアルゴリズムといえない。

1.1.2 正　当　性

与えられた問題に対して正しい解を得るための手順と根拠が与えられることを**正当性**（correctness）をもつという。停止性が保証されても正当性が保証されなければアルゴリズムといえない。正当性は**アサーション**（assertion）と呼ばれる手法を用いて検証をすることができる。アサーションとは，プログラムの任意の位置で満足していなければならない条件や結果が正しいかを判定することである。

1.1.3 汎　用　性

どのような環境でも与えられた同じ問題に対しては同じ解が得られることを**汎用性**（versatility）

があるという。汎用性はアルゴリズムの必須の条件ではないが，適用範囲が広く汎用性のある
アルゴリズムは有用であるといえる。

1.2　フローチャート

アルゴリズムを構成する基本要素には，つぎの 3 種類の構造がある。

1. 順次処理構造

   あらかじめ設定された順序で処理が行われること。

2. 選択処理構造

   条件の真偽によって処理内容を選択できること。

3. 反復処理構造

   同じ処理を条件に応じて複数回繰り返し実行できること。

これら 3 種類の構造を組み合わせることでアルゴリズムを記述することができる。

　アルゴリズムを視覚的に表現する方法の一つに**フローチャート**（flowchart）がある。フロー
チャートは JIS X 0121-1986†で定められたさまざまな記号がある。その一部を**表 1.1** に示す。

表 1.1　フローチャート記号（JIS X 0121-1986）

記　号	意　味
	端子記号：フローチャートの入口と出口
	処理：処理・行動・機能を示す
	データ：データの入出力を示す
	判断：一つの入口といくつかの択一的出口を もつ
	定義済み処理：あらかじめ定義された処理の まとまり

1.2.1　順　次　処　理

　複数の処理を行う際に，それらの処理を最初に指示された処理から順に処理を行っていくこ
とを**順次処理**（sequence）という。**図 1.1** に示すようにフローチャートで順次処理を書くと，

---

† 日本産業標準調査会，https://www.jisc.go.jp/index.html

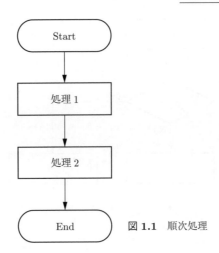

図 **1.1** 順次処理

「Start」から「処理1」，「処理2」の順に処理が行われる。この際に重要なことは，ある処理を行うために必要となる処理を必ず前に記述することである。例えば，ポットに入ったコーヒーをカップに入れて出すという処理を順に記述すると以下のように書ける。

1. カップを用意する。

2. カップにポットからコーヒーを注ぐ。

3. コーヒーの入ったカップを出す。

上記の手順を踏むことでコーヒーの入ったカップを出すことができる。1. と 2. の手順が入れ替わった場合，カップが用意されていないのにコーヒーを注ぐことになってしまう。プログラムを記述する際にも，ある処理の前に必要な処理を正しい順で記述しなければならない。

1.2.2 選 択 処 理

条件に応じた処理を行うことを**選択処理**（selection）という。**図 1.2** では「条件」が満足した場合は「処理1」の，満足しない場合は「処理2」の処理が行われる。図 1.2 に示した例では「条件」によって「処理1」もしくは「処理2」が行われるが，これらの処理のうち片方のみしか存在しない場合もある。

「条件」はコンピュータプログラムの場合，二つの数値の大きさを比べる形で記述する。例えば A と B の二つの数値を比べる場合は，以下の 6 種類のいずれかである。

1. A と B が等しい。

2. A と B は等しくない。

3. A は B 以上である。

4. A は B より大きい。

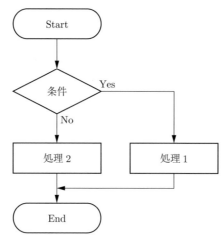

図 **1.2** 選択処理

5. A は B 以下である。

6. A は B より小さい。

一般的なプログラミング言語では，三つ以上の数値を一度に比べることはできない。このため，条件で三つ以上の数値を比べる必要がある場合は，その条件は二つの数値の比較条件の組合せで実現させることが必要となる。

ただし，Python の場合は比較を連鎖させることができる。例えば「A<B<C」は「A<B」かつ「B<C」と等価となる。これはあくまでも二つの比較を連鎖させているので，Python では「A<B>C」という書き方も間違いではない†。

1.2.3 反 復 処 理

前述の順次処理と選択処理を組み合わせることで，条件に基づき処理を反復させることを**反復処理**（repetition）という。反復処理は**図 1.3** に示すように**前判定ループ**（pre-test loop）と**後判定ループ**（post-test loop）の二つに大別することができる。

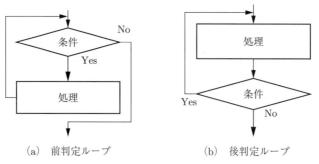

（a） 前判定ループ   （b） 後判定ループ

図 **1.3** 反復処理

---

† Python では比較演算子はいくつでも連結できるが，難解になるのであまり複雑にしないほうがよい。

　図 1.3(a) に示す前判定ループは「処理」の前に「条件」を判定し，「条件」が満足していれば「処理」を行い，再び「条件」に戻る。「条件」を満足している間，「処理」を繰り返し実行することとなる。

　図 1.3(b) に示す後判定ループは，まず「処理」を行った後に「条件」を判定する。「条件」を満足していれば再び「処理」を行う。「条件」を満足している間，「処理」を繰り返し実行することとなる。

　前判定ループと後判定ループの違いは，少なくとも 1 回繰り返し処理を行うかどうかである。前判定ループでは，最初に条件が満足していなければ繰り返し処理は一度も実行されない。これに対し，後判定ループでは繰り返し処理を実行してから判定を行うため，繰り返し処理が必ず 1 回は実行される。

1.3　最大値の探索

　本節では，与えられた複数の数値の中から最大値を探索するアルゴリズムを考える。例として図 **1.4** のようにそれぞれに数値が書かれたカードが 4 枚ある場合を考える。このようなカードの中から最大値の探索を考えた場合，人間であれば一目で四つの数値を見比べて最大のものを見つけ出すことができる。しかしカードの枚数が非常に多くなった場合，一度に見比べることはできず，何らかの手段が必要である。特にコンピュータは，一度には二つの数値の比較しか行うことができない。そこで二つの数値を比較することを繰り返し，最大値を探索する手順を考えることにする。この手順を考えるうえで図 **1.5**(a)，(b) に示す「代入」と図 1.5(c) に示す「比較」を使用する。

　まずは簡単のため，4 枚のカードの数値がそれぞれ A, B, C, D の四つの変数に格納されてい

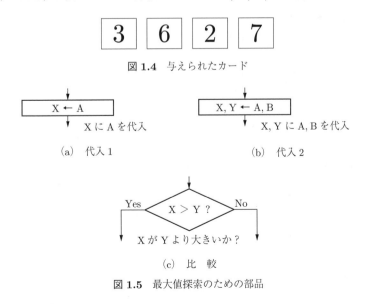

図 **1.4**　与えられたカード

(a)　代入 1　　　　　　　　　　　　　(b)　代入 2

(c)　比　較

図 **1.5**　最大値探索のための部品

るとして最大の数値を探索する方法を考える。

1.3.1　勝ち抜き方式

まずAとBを比較して大きいほうの数値をMに保存する。その後，残りの変数とMとを順番に比較し，比較した変数の数値がMよりも大きければその値でMを更新する。すべての変数と比較が終了した時点でのMが最大値である。以上の手順をフローチャートで表すと図**1.6**のようになる。

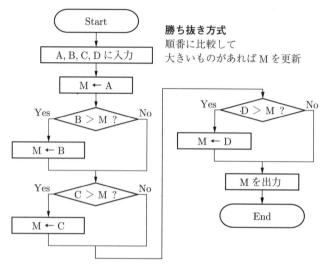

図 **1.6**　勝ち抜き方式の最大値探索

1.3.2　トーナメント方式

AとBを比較して大きいほうの数値をMに保存し，CとDを比較して大きいほうの数値をNに保存する。そしてMとNを比較し，大きいほうが最大値である。以上の手順をフロー

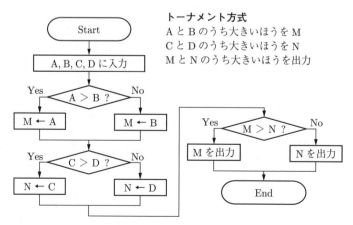

図 **1.7**　トーナメント方式の最大値探索

チャートで表すと**図 1.7** のようになる。

1.4　アルゴリズム

　前節では四つの数字の中から最大値を探索する方法を 2 種類考えた。「勝ち抜き方式」は，データの個数が増えても同様の手続きで最大値を探索することができる。一方「トーナメント方式」では，データの数によって効率的な探索ができるトーナメント表を作成する必要が生じる。すなわちデータの数によって手段に修正が必要となる。一般的にコンピュータは公式やアイデアによる解法よりも，単純な動作を繰り返す解法のほうがよい場合が多い。

　次章以降ではこの解法の手順の効率を考えたうえで手順，すなわちアルゴリズムを考える。

章 末 問 題

【1】　四つの数値から，2 番目に大きい数字を探索する手順をフローチャートで表せ。

2

Selection sort と Bubble sort

　データを各データの数値によって大きい順（降順）もしくは小さい順（昇順）に並べ替えることを**ソート**（sort）という。対象のデータ数が少ないときはどのような手順でも並べ替えに要する時間は大差ないが、データ数の増加に伴い処理時間も増加する。この際にデータ数の増加量に対して処理に要する時間がどのように増えるかを考えることは、アルゴリズムの効率を考えるうえで非常に重要である。

　本章ではソートアルゴリズムの中でも最も素朴なアルゴリズムである Selection sort と Bubble sort を取り上げ、これらのアルゴリズムの仕組みとその効率について考える。また、ソートを考える場合、ソートされるデータがどのようなデータ構造でコンピュータに格納されているかという点も重要である。本書ではプログラムを Python で考えるが、Python には基本組込み型としてリスト構造というデータ構造がある。本章ではリストの使い方とリスト構造の変数を数値の大きさで並べ替える Selection sort と Bubble sort を Python で実装する。

2.1　Python のリスト構造

　変数内容の数値の大きさで並べ替えを考えた場合、各変数の名前が異なっているとプログラムが冗長になり、また汎用性がない。Python にはリスト（`list`）型と呼ばれる内容が変更可能（ミュータブル）な任意の順序つきオブジェクトがある。これはリスト構造†とも呼ばれる。

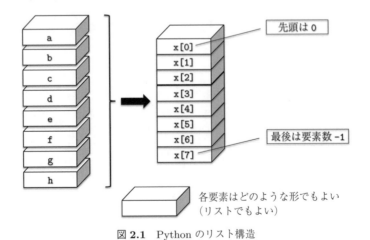

図 2.1　Python のリスト構造

---

†　アルゴリズムで「リスト構造」というと「連結リスト」を指す場合もあるが、ここでは Python のリスト型オブジェクトのことを指す。

複数の変数を一つのリスト型オブジェクトで記述する概念を**図 2.1** に示す。

　図 2.1 に示すように，複数の変数を一つのリスト型オブジェクトとして名前（この例では x）をつけ，各要素は角かっこ（[ ]）で囲まれたインデックスで指定することができる。インデックスは 0 から始まり，要素数 −1 まで存在する。

　リストの各要素は異なる変数型でもよい。**図 2.2** のように各要素が int 型（整数型），float 型（浮動小数点型），complex 型（複素数型），str 型（文字列型），list 型であっても問題ない。

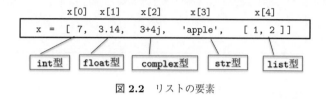

図 2.2　リストの要素

2.1.1　リストの生成

リストはつぎのように生成する。

```
x = []
y = list()
z = [None] * 6
```

このように記述すると，x と y は空の（要素のない）リストとして生成される。z は空ではあるが要素数は決まっており，この場合は要素数 6 のリストが生成される。

　要素を追加して初期化する場合は以下のように記述する。ここに示した 3 種類の記述はいずれも同じリストを生成する†。

```
x = [ 1, 2, 3, 4, 5, 6 ]
x = list([ 1, 2, 3, 4, 5, 6 ])
x = list( range( 1, 7 ) )
```

リスト x の要素数は len(x) で取得できる。

2.1.2　リストの結合

リストどうしは + 演算子で一つのリストに結合させることができる。また，* 演算子でリストの繰返しを記述できる。

　プログラム 2.1 を実行すると**実行結果 2.1** のようになる。

---

†　range(start, stop, step) は start から stop 未満で step 間隔のイミュータブルなシーケンスを生成する。step が省略された場合は 1 で，start が省略された場合は 0 となる。stop は省略できない。

──────── プログラム **2.1** (リストの結合) ────────

```
1   x = [ 1, 2, 3 ] + [ 4, 5, 6 ]
2   print( x )
3   x1 = list( range(3) )
4   x2 = [ 7, 8 ] * 3
5   print( x1 + x2 )
```

──────── 実行結果 **2.1** ────────

```
[1, 2, 3, 4, 5, 6]
[0, 1, 2, 7, 8, 7, 8, 7, 8]
```

2.1.3 リストの比較

リストどうしは比較することができる。リストの最初の要素から順に比較し，等しければつぎを比較する。共通部が一緒であった場合，要素数が多いほうが大きいと判断する。

以下の比較はいずれも「真」となる。

```
[ 1, 2, 3 ] == [ 1, 2, 3 ]        #True
[ 1, 2, 3 ] <  [ 1, 3, 2 ]        #True
[ 1, 2, 3 ] <  [ 1, 4 ]           #True
[ 1, 2, 3 ] <  [ 1, 2, 3, 0 ]     #True
```

2.1.4 リストの要素のアクセス

リストのインデックスには**非負インデックス** (non-negative index) と**負インデックス** (neg-ative index) とがある。非負インデックスは先頭が [0] で，末尾が [要素数-1] となる。一方，負インデックスは末尾が [-1] で，先頭が [-要素数] となる。例を図 **2.3** に示す。

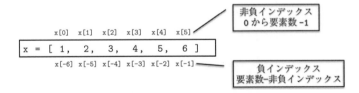

図 2.3 非負インデックスと負インデックス

プログラム 2.2 を実行すると**実行結果 2.2** のようになる。

──────── プログラム **2.2** (リストの要素) ────────

```
1   x = [ 1, 2, 3, 4, 5, 6 ]
2   y = x[4]
3   print( y, x[1], x[3], x[-3] )
```

―――― 実行結果 2.2 ――――

```
5 2 4 4
```

2.1.5　スライスによるリストの要素のアクセス

リストはインデックスの範囲を指定してその一部のみをアクセスすることができる。このような機能を**スライス**（slice）という。スライスは [lower_bound:　upper_bound:　stride] で指定する。lower_bound はスライスの開始要素を，upper_bound はスライスの末尾要素+1 を，stride は増分を表し，いずれも省略可である。スライスによる要素の指定例を**図 2.4** に示す。

```
x[:]          ※ すべて
x[:m]         ※ x[0] から x[m-1]
x[n:]         ※ x[n] から末尾まで
x[n:m]        ※ x[n] から x[m-1]
x[-n:]        ※ 末尾の n 個
x[::k]        ※ k 個おき
x[::-1]       ※ 逆順
```

図 2.4　スライスによるリストの要素の指定

プログラム 2.3 を実行すると**実行結果 2.3** のようになる。

―――― プログラム 2.3 (リストのスライス) ――――

```
1  x = [ 1, 2, 3, 4, 5, 6 ]
2  print( x[:] )
3  print( x[:4] )
4  print( x[4:] )
5  print( x[1:5] )
6  print( x[-3:] )
7  print( x[::2] )
8  print( x[::-1] )
```

―――― 実行結果 2.3 ――――

```
[1, 2, 3, 4, 5, 6]
[1, 2, 3, 4]
[5, 6]
[2, 3, 4, 5]
[4, 5, 6]
[1, 3, 5]
[6, 5, 4, 3, 2, 1]
```

2.1.6　リストの要素の置換

リストの各要素は値を置換することができる。置換したい要素を「代入演算子=」の左側に記述し，右側に置換する値を記述する。置換はあくまでも要素単位であり，リストどうしを「代

入演算子 =」でつないだ場合は「参照割当」と呼ばれ，「代入演算子 =」の右側のリスト名の別名として左側のリスト名が使われるだけになる。コピーに関しては次項で説明する。

プログラム 2.4 を実行すると**実行結果 2.4** のようになる。

──────── プログラム **2.4** (リストの要素の置換) ────────

```
1   x = [ 1, 2, 3, 4, 5, 6 ]
2   x[3] = 7
3   x[1] = x[4]
4   print( x )
```

──────── 実行結果 **2.4** ────────

```
[ 1, 5, 3, 7, 5, 6 ]
```

2.1.7　リストのコピー

前項で説明したようにリストどうしを「代入演算子 =」でつないだ場合は「参照割当」を意味し，名前は異なるが実態は同じものになってしまう。このため**プログラム 2.5** を実行すると**実行結果 2.5** のようになる。

──────── プログラム **2.5** (リストの参照割当) ────────

```
1   x = [ 1, 2, 3, 4, 5, 6 ]
2   y = x
3   x[3] = 7
4   print( 'x=', x )
5   print( 'y=', y )
```

──────── 実行結果 **2.5** ────────

```
x= [ 1, 2, 3, 7, 5, 6 ]
y= [ 1, 2, 3, 7, 5, 6 ]
```

実行結果 2.5 のように y = x ではリストそのもののコピーは行われず，x と y は同一になってしまう。このため x[3] = 7 でリスト x の x[3] の内容を置換すると，リスト y の y[3] も内容が置換されたようになる。

リストのコピーをするためには，リストの copy メソッド，もしくは標準ライブラリ copy の copy 関数で**プログラム 2.6** のようにコピーする。

──────── プログラム **2.6** (リストの copy メソッドによるコピー) ────────

```
1   x = [ 1, 2, 3, 4, 5, 6 ]
2   y = x.copy()
3   x[3] = 7
4   print( 'x=', x )
5   print( 'y=', y )
```

プログラム 2.6[†] を実行すると**実行結果 2.6** のようになる。プログラム 2.5 のときとは異なり x[3] = 7 と代入しても y[3] は 4 のままでリスト x とリスト y は異なるものであることを確認できる。

―――――― 実行結果 2.6 ――――――

```
x= [ 1, 2, 3, 7, 5, 6 ]
y= [ 1, 2, 3, 4, 5, 6 ]
```

この方法でのコピーは**浅いコピー**（shallow copy）と呼ばれる。ただしリスト内にリストを含むような複合オブジェクトでは動作が異なる。**プログラム 2.7** にリスト内にリストを含む場合のプログラムを示す。

―――――― プログラム 2.7 (複合オブジェクトの copy メソッドによるコピー) ――――――

```
1  x = [ 1, 2, 3, [4, 5, 6] ]
2  y = x.copy()
3  x[2] = 7
4  print( 'x=', x )
5  print( 'y=', y )
6  print('-----')
7  x[3][0] = 8
8  print( 'x=', x )
9  print( 'y=', y )
```

プログラム 2.7 を実行すると**実行結果 2.7** のように x[2] = 7 の置換は y[2] に影響を与えないが，リストの要素に含まれるリストである x[3][0] = 8 の置換は y[3][0] に影響を与える。これはリストの要素のリストは参照されているためである。このような複合オブジェクトでもコピーを行うためには標準ライブラリ copy の関数 deepcopy を使用する必要がある。

―――――― 実行結果 2.7 ――――――

```
x= [ 1, 2, 7, [4, 5, 6 ] ]
y= [ 1, 2, 3, [4, 5, 6 ] ]
-----
x= [ 1, 2, 7, [8, 5, 6 ] ]
y= [ 1, 2, 3, [8, 5, 6 ] ]
```

関数 deepcopy を用いたプログラムを**プログラム 2.8** に，その実行結果を**実行結果 2.8** に示す。

―――――― プログラム 2.8 (複合オブジェクトの deepcopy による深いコピー) ――――――

```
1  import copy
2  x = [ 1, 2, 3, [4, 5, 6] ]
3  y = copy.deepcopy(x)
4  x[2] = 7
5  x[3][0] = 8
6  print( 'x=', x )
7  print( 'y=', y )
```

―――――――――――――

[†]　y = x.copy() の代わりに標準ライブラリ copy を import copy でインポートし，y = copy.copy(x) と記述することもできる。

――――――――― 実行結果 **2.8** ―――――――――

```
x= [ 1, 2, 7, [8, 5, 6 ] ]
y= [ 1, 2, 3, [4, 5, 6 ] ]
```

プログラム 2.8 はプログラム 2.6 とは異なり x[2] = 7，x[3][0] = 8 の置換双方ともリスト y には影響を与えない。このようなコピーを**深いコピー**（deep copy）という。

2.1.8　リストの要素の追加（append メソッド）

リストの append メソッドを使うことで「要素」をリストの末尾に追加することができる。append メソッドは以下のように使用する。

　　リスト名.append(追加する要素)

追加する要素が list 型である場合，リストそのものが要素として追加される。リスト末尾に他のリストを追加する場合は「リストの結合」もしくは次項で述べる extend メソッドを使用する

プログラム **2.9** を実行すると**実行結果 2.9** のようになる。

――――――――― プログラム **2.9** (リストの要素の追加) ―――――――――

```
1   x = [ 1, 2, 3, 4, 5, 6 ]
2   x.append( 10 )
3   print( x )
4   print( 'x[-1]=', x[-1] )
5   print( 'len(x)=', len( x ) )
```

――――――――― 実行結果 **2.9** ―――――――――

```
[1, 2, 3, 4, 5, 6, 10]
x[-1]= 10
len(x)= 7
```

プログラム **2.10** を実行すると**実行結果 2.10** のようになる。

――――――――― プログラム **2.10** (リストを要素として追加) ―――――――――

```
1   x = [ 1, 2, 3, 4, 5, 6 ]
2   x.append( [10, 11, 12] )
3   print( x )
4   print( 'x[-1]=', x[-1] )
5   print( 'len(x)=', len( x ) )
```

――――――――― 実行結果 **2.10** ―――――――――

```
[1, 2, 3, 4, 5, 6, [10, 11, 12]]
x[-1]= [10, 11, 12]
len(x)= 7
```

2.1.9　リストの要素の追加（extend メソッド，累算代入）

リストの extend メソッドを使うことで「リスト」をリストの末尾に追加することができる。extend メソッドは以下のように使用する。

　　　リスト名.extend(追加するリスト)

list 型を追加するため，extend メソッドの引数は list 型である。**プログラム 2.11** を実行すると**実行結果 2.11** のようになる。

```
──────── プログラム 2.11 (リストの要素をリストに追加) ────────
1  x = [ 1, 2, 3, 4, 5, 6 ]
2  x.extend([10, 11, 12] )
3  print( x )
4  print( 'x[-1]=', x[-1] )
5  print( 'len(x)=', len( x ) )
```

```
──────── 実行結果 2.11 ────────
[1, 2, 3, 4, 5, 6, 10, 11, 12]
x[-1]= 12
len(x)= 9
```

プログラム 2.11 はプログラム 2.10 の append を extend に変更しただけであるが，実行結果 2.10 と実行結果 2.11 を比較すると，末尾の要素（x[-1]）と要素の個数（len(x)）の値が異なることに注意する。

extend メソッドは「リストの結合」と同等の作用である。**プログラム 2.12** は extend を使用せず，リストの結合を用いている。**実行結果 2.12** と実行結果 2.11 を比較すると，これらが同じ結果となることがわかる。

```
──────── プログラム 2.12 (リストの結合) ────────
1  x = [ 1, 2, 3, 4, 5, 6 ]
2  x += [10, 11, 12]  # x = x + [10, 11, 12] の省略形
3  print( x )
4  print( 'x[-1]=', x[-1] )
5  print( 'len(x)=', len( x ) )
```

```
──────── 実行結果 2.12 ────────
[1, 2, 3, 4, 5, 6, 10, 11, 12]
x[-1]= 12
len(x)= 9
```

2.1.10　リストの要素の挿入（insert メソッド，スライス操作）

リストの insert メソッドを使うことでリストに要素を挿入することができる。insert メソッドは以下のように使用する。

リスト名.insert(index, value)

リスト名 [index] に value を挿入し，index 以降の要素を後方にずらす。プログラム **2.13** を実行すると，実行結果 **2.13** のようになる。

```
───────── プログラム 2.13 (リストの要素の挿入) ─────────
1  x = [ 1, 2, 3, 4, 5, 6 ]
2  x.insert( 2, 10 )
3  print( x )
4  print( 'x[-1]=', x[-1] )
5  print( 'len(x)=', len( x ) )
```

```
───────── 実行結果 2.13 ─────────
[1, 2, 10, 3, 4, 5, 6]
x[-1]= 6
len(x)= 7
```

extend メソッドはスライス操作でも同等の動作ができる。**プログラム 2.14** を実行すると，**実行結果 2.14** のようになる。プログラム 2.14 はプログラム 2.13 の insert の動作をスライスを使用して記述したものである。

```
───────── プログラム 2.14 (スライスによる要素の置換) ─────────
1  x = [ 1, 2, 3, 4, 5, 6 ]
2  x[2:2] = [10]
3  print( x )
4  print( 'x[-1]=', x[-1] )
5  print( 'len(x)=', len( x ) )
```

```
───────── 実行結果 2.14 ─────────
[1, 2, 10, 3, 4, 5, 6]
x[-1]= 6
len(x)= 7
```

2.1.11 リストの要素の削除（pop メソッド，del）

リストの pop メソッドを使うことでリストから要素を削除することができる。pop メソッドは以下のように使用する。

リスト名.pop(index)

リストから**リスト名 [index]** の要素を削除し，削除した要素の値を返す。index 以降の要素を前方にずらす。**プログラム 2.15** を実行すると，**実行結果 2.15** のようになる。

```
───────── プログラム 2.15 (リストの要素の削除) ─────────
1  x = [ 1, 2, 3, 4, 5, 6 ]
2  y = x.pop( 3 )
3  print( x )
```

```
4  print( y )
5  print( len( x ) )
```

───────── 実行結果 2.15 ─────────

```
[1, 2, 3, 5, 6]
4
5
```

pop メソッドでは削除した要素の値を返すが，削除する要素の値を取得せず単に削除する場合は，**プログラム 2.16** のように del を用いる。プログラム 2.16 を実行すると，**実行結果 2.16** のようになる。

───────── プログラム 2.16 (リストの要素の削除) ─────────

```
1  x = [ 1, 2, 3, 4, 5, 6 ]
2  del x[3]
3  print( x )
```

───────── 実行結果 2.16 ─────────

```
[1, 2, 3, 5, 6]
```

2.2 最大値/最小値に着目した並べ替え

与えられたリストの中から最大の値を探索するためには，前章で紹介した「勝ち抜き方式」がデータの個数に関係なく最大値を探索できる手順であった。最大の値の要素を削除し，残りの要素の中から最大値を探索すると，これは最初のリストでの2番目に大きい数値である。この手順を繰り返すことで，与えられたリストの要素を大きい順（降順）に並べ替えられる。小さい順（昇順）に並べ替えたい場合は，最大値ではなく最小値を探索すればよい。以上が最も基本的な並べ替え（ソート）手順であるが，どの要素に着目するかによって，Selection sort と Bubble sort に大別できる。

2.2.1 Selection sort

与えられたリストの先頭要素と残りの各要素とを比較し，先頭要素よりも比較する要素が大き（小さ）ければ，要素の内容を交換する。交換によって値が最も大きい（小さい）要素がリストの先頭に移動する。最後の要素まで比較し終わると，先頭要素は最大（最小）となる。リストから先頭要素を除いた残りの要素に対して同様の手順を繰り返すことで，リストは要素の数値の降順（昇順）に並べ替えられる。4個の要素からなるリストで降順に並べ替える手順を**図 2.5** に示す。このようにリストを降順（昇順）に並べ替える手順を **Selection sort**（選択

① 先頭と残りの右側の各要素と比較し，
　先頭よりも大きければ交換する

② 2番目と残りの右側の各要素と比較し，
　2番目よりも大きければ交換する

③ 3番目と残りの右側の各要素と比較し，
　3番目よりも大きければ交換する

図 **2.5**　Selection sort

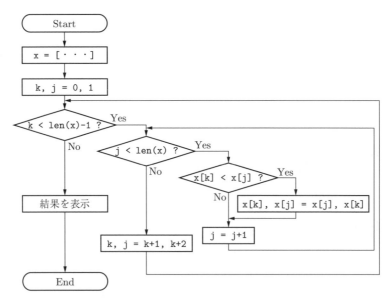

図 **2.6**　Selection sort のフローチャート

ソート）という。Selection sort をフローチャートで示すと図 **2.6** のようになる。

　図 2.6 のフローチャートを基に実装したプログラムを**プログラム 2.17** に示す。プログラム 2.17 は num に設定された数の数値が乱数でリストに設定され，それを Selection sort で並べ替え，その結果を表示する。

────── プログラム **2.17** (Selection sort) ──────

```
1  # -*- coding: utf-8 -*-
2  import random
3
4  num = 100
5  x = random.sample( range(num), num ) # 乱数で num 個の数値をリスト x に設定
6
7  for k in range( num-1 ):
```

```
 8      for j in range( k+1, num ):
 9        if x[k] < x[j]:
10           x[k], x[j] = x[j], x[k]   # x[j] と x[k] の入れ替え
```

2.2.2 Bubble sort

与えられたリストの隣どうしの要素とを比較し，前方の要素が後方の要素よりも小さ（大き）ければ，要素の内容を交換する。この隣どうしの比較・交換を前方から順に行うことで，末尾の要素は最小（最大）値となる。再度隣どうしの比較・交換を前方から順に行うと末尾から2番目の要素は2番目に小さい（大きい）値となる。末尾はすでに最小（最大）値であるので，すでに確定した部分は比較する必要はない。同様の手順を繰り返すことで，リストは要素の数値の降順（昇順）に並べ替えられる。4個の要素からなるリストで降順に並べ替える手順を**図 2.7**に示す。

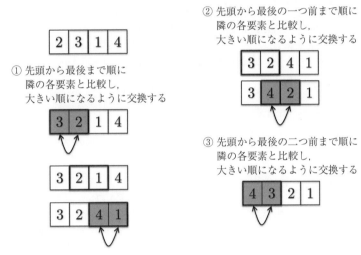

図 **2.7**　Bubble sort

このようにリストを降順（昇順）に並べ替える手順を **Bubble sort**（バブルソート）という。これはリストを縦に記述したとき，最大（最小）の数値が泡のように次第に上っていくかのように見えることから Bubble sort と名づけられた。Bubble sort をフローチャートで示すと**図 2.8**のようになる。

図 2.8 のフローチャートを基に実装したプログラムを**プログラム 2.18**に示す。プログラム 2.18 は num に設定された数の数値が乱数でリストに設定され，それを Bubble sort で並べ替え，その結果を表示する。

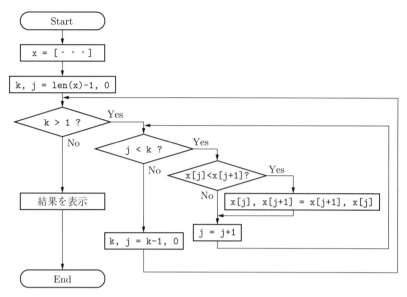

図 **2.8** Bubble sort のフローチャート

─────── プログラム **2.18** (Bubble sort) ───────

```
1   # -*- coding: utf-8 -*-
2   import random
3
4   num = 100
5   x = random.sample( range(num), num ) # 乱数で num 個の数値をリスト x に設定
6
7   for k in range( num-1, 0, -1 ):
8       for j in range( k ):
9           if x[j] < x[j+1]:    # 隣どうし ( x[j] と x[j+1] ) の比較
10              x[j], x[j+1] = x[j+1], x[j] # x[j] と x[j+1] の入れ替え
```

章 末 問 題

【**1**】 図 2.9 に示すプログラムを適切に完成させて,リスト x を Selection sort もしくは Bubble sort で降順に並べ替える場合の実行時間を測定し,リストに含まれるデータ数との関係を考察せよ。

　　　　`import time`

と記述することで「時間」を取り扱うことのできるパッケージが使用できる。このパッケージに含まれる関数 `time.perf_counter()` を用いることでパフォーマンスカウンタ (performance counter) の値(小数点以下がミリ秒)を返す。クロックは短期間の計測が行えるよう,可能な限り高い分解能をもち,スリープ中の経過時間も含まれ,システム全体で一意である。基準点がないため,2 回の呼び出しの差を用いることで実行時間を測定することができる[†]。また関数 `time.process_time` を用いることで,現在のプロセスのシステムおよびユーザ CPU 時間

───────────────

[†]　`time.perf_counter()` で測定する時間は〔秒〕単位であるが,Python3.7 以降では `time.perf_counter_ns()` で〔ナノ秒〕単位で測定できる。

```
# -*- coding: utf-8 -*-
import random
import time

num = int(1e4)
x = random.sample( range(num), num )
start = time.perf_counter()
```

> この部分にリスト x を降順に並べ替える
> プログラムを記述

```
elapsed_time = time.perf_counter () - start
print( elapsed_time, 'sec' )
print( 'Max:', x[0], ' Mid:', x[int(num/2)], ' Min:', x[num-1] )
```

図 **2.9**　ソートアルゴリズムの実行時間の測定

の合計値を返す。プロセスごとに定義され，スリープ中の経過時間は含まれない。これも基準点がないため，2 回の呼び出しの差を用いることで実行時間を測定することができる。

　関数 time.perf_counter() のほうが若干精度がよいため，ここでは time.perf_counter() を用いる。プログラムの測定開始時間を

　　　　start = time.perf_counter()

で設定し，測定終了時に

　　　　elapsed_time = time.perf_counter() - start

とすれば elapsed_time でこの 2 行の間の実行時間を測定することができる。

3 | Merge sort と再帰関数

　前章で紹介した Selection sort と Bubble sort は，基本的には隣り合った二つの要素の大小を比較し，並べたい順と異なっていた場合に入れ替えるというアルゴリズムであった。これらのアルゴリズムは理解しやすく，また実装が容易という特徴を有する反面，データ数 N に対して最悪 N^2 回の入れ替えを実施しなければ並べ替えが終了しないため，その実行速度は速くない。本章では与えられたデータを小さな単位に分割し，その小さな単位ごとに並べ替えを実施し，その結果を結合していくことで最終的に並べ替えを実現する Merge sort という 1945 年に John von Neumann[†]によって考案されたアルゴリズムを取り上げる。

　Merge sort は元のデータを同じ構造の小さな単位のデータに分割し，小さい単位から次第に大きい単位で処理を行う「分割統治法」といわれる手法でデータの並べ替えを実現する。分割統治法では「再帰処理」と呼ばれるアルゴリズムを用いる。再帰処理は，ある処理を行う際に自身の処理を呼び出すアルゴリズムである。アルゴリズム自体は非常に簡潔に記述することができるものの，自分自身を呼び出すため多少理解が難しい点と実行時のメモリの使用量に問題が発生する場合がある。再帰処理は「関数」を定義することで簡潔に記述できる。本章では関数を説明したうえで再帰処理を用いて Merge sort を実装する。

3.1 関　　　数

多くのプログラミング言語ではパラメータだけが変化して繰り返し行われる処理を**関数**（function）として記述することができる。

3.1.1 関 数 の 定 義
Python では，関数は以下の規則に基づき**図 3.1** のように定義する。

- 定義する場所
  関数の呼び出し（実際に使う箇所）よりも前

- 関数名
  すべて小文字
  複数の単語を使用する際は単語の区切りにアンダースコア（ _ ）を使用する

[†]　John von Neumann（1903-1957）：ハンガリー出身のアメリカの数学者。

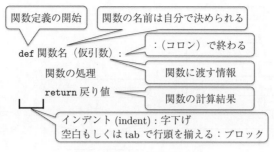

図 **3.1**　Python の関数定義

- 仮引数

  関数に渡す情報

  複数の場合は，（カンマ）で区切る

  ない場合は空にする

- 戻り値

  関数から戻される情報（ない場合もある）

- 関数の処理

  関数内での処理方法を行頭にインデントをつけてブロック化し記述する

定義した関数の処理を利用することを**関数の呼び出し**（function call）という。関数本体で定義されている引数を**仮引数**（parameter），関数を呼び出す際に使用する引数を**実引数**（argument）という。実引数の内容が仮引数にコピーされる。

プログラム 3.1 に関数の定義例，呼び出し例を示す。

──── **プログラム 3.1** (関数の定義例) ────

```
1   def compare( x, y ):
2     if x > y:
3         return x
4     else:
5         return y
6
7   a=5
8   b=10
9   z = compare( a, b )
10  print( z )
```

プログラム 3.1 では仮引数が x と y，戻り値が x と y の大きいほうという compare という名前の関数が定義されている。

```
    z = compare( a, b )
```

という部分で関数 compare が呼び出され，実引数 a と b が仮引数 x と y にコピーされて，関数 compare が処理される。そして処理結果の戻り値が z に代入される。

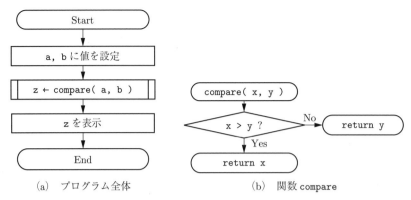

(a) プログラム全体   (b) 関数 compare

図 3.2 プログラム 3.1 のフローチャート

プログラム 3.1 をフローチャートで表すと**図 3.2** のように表現できる。

3.1.2 再帰呼び出し

関数の中から自身の関数を呼び出すプログラミング技法を，**再帰呼び出し**（recursive call）という。

例えば階乗値を計算する関数 factorial を考える。非負整数 n の階乗とは，1 から n までのすべての整数の積であり，$n!$ と表記する。

$$n! = \prod_{k=1}^{n} k = 1 \times 2 \times \cdots \times (n-1) \times n \tag{3.1}$$

また，$0! = 1$ と定義する。

```
factorial( n )
```

は n の階乗値を戻り値とする関数であるとする。n の階乗値は n-1 の階乗値に n を乗じたものである。したがって，n-1 の階乗値が与えられれば n の階乗値は計算できるので

```
factorial( n ) = n * factorial( n-1 )
```

と記述できる。

階乗値は非負整数 n に対して定義しているので n ≦ 0 では

```
factorial( n ) = 1
```

とする。

上記をフローチャートで記述すると**図 3.3** のようになる。このフローチャートに示したように，関数 factorial の中から引数の異なる自分自身の関数を呼び出している。このように関数の処理で自身の関数を呼び出すことを再帰呼び出しという。また，再帰呼び出しを使用して大き

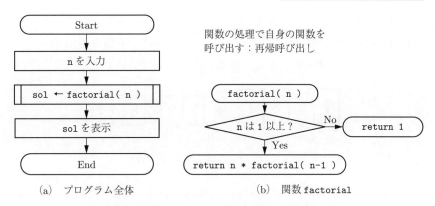

(a)　プログラム全体　　　　　　　　(b)　関数 factorial

図 3.3　再帰呼び出しによる階乗値計算のフローチャート

な問題を小さな問題に再起的に分割して解くアルゴリズムを**分割統治法**（divide and conquer algorithm）†という。

　プログラム **3.2** に再帰呼び出しを用いた図 3.3 のフローチャートに基づく階乗値計算を行うプログラム例を，実行結果を**実行結果 3.1** に示す。

――――――― プログラム **3.2** (再帰呼び出しによる階乗計算) ―――――――

```
1  def factorial( n ):
2      if n>0:
3          return n * factorial( n-1 )
4      else:
5          return 1
6
7  a = int( input('n を入力:')
8  print( factorial( a ) )
```

――――――――――――― 実行結果 **3.1** ―――――――――――――

```
n を入力: 5
120
```

3.2　Merge sort

　データの並べ替え（ソート）において，まずはそのデータを複数の小さな単位に分割し，分割したデータで並べ替えを実施する。そして並べ替えが終了した二つの小さな単位を並べ替え結果となるように結合する。このようにデータを小さな単位に分割し，それら小さな単位内で並べ替えてから，それらを元の長さになるように並べ替え，結果を考慮しながら**結合**（merge）させて並べ替え（ソート）を行うアルゴリズムを **Merge sort**（マージソート）という。

―――――――――――――――――――――――――――――――――

†　分割統治法はトップダウンで大きな問題を再帰的に分割して解くアルゴリズムである。これに対し問題を小さな複数の部分問題に分解し，部分問題の解を記録しながらボトムアップで解を探索するアルゴリズムを「動的計画法」という。動的計画法は 13 章で説明する。

3.2.1　Merge sort のアルゴリズム

実際の Merge sort を例を用いて説明する。ここでは簡単のため図 **3.4**(a) のような 4 個の数値を考える。これを「小さな単位」として図 3.4(b) のように 2 個ずつ，2 組に分割する。

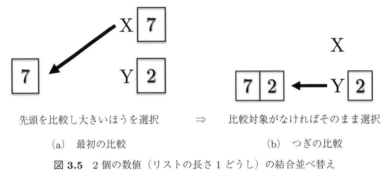

（a）　元のデータ（4 個）　　（b）　2 組に分割したデータ

図 **3.4**　並べ替え対象の 4 個の数値例

　2 組に分けたデータをそれぞれさらに分割し，図 **3.5** のように並べ替えを行う。並べ替え対象をさらに 2 分割し，それぞれをリスト X とリスト Y とする。リスト X とリスト Y の先頭を比較して，大きいほうを選択し新たなリストに加える，元のリストからは削除する。つぎにまたリスト X とリスト Y の先頭を比較し，大きいほうを新たなリストの末尾に加える。二つのリストの片方のデータがなくなり，比較対象がなくなった場合はそのリストを新たなリストの末尾に加える。

X 7
7　　　Y 2
先頭を比較し大きいほうを選択
（a）　最初の比較

X
7 2 ← Y 2
比較対象がなければそのまま選択
（b）　つぎの比較

図 **3.5**　2 個の数値（リストの長さ 1 どうし）の結合並べ替え

　図 3.5 はデータが「7」と「2」の 2 個で構成されたリストを比較，結合して並べ替える様子を示したものである。これを図 3.4(b) に示すもう一方の「8」と「1」の 2 個で構成されたリストに対しても実施する。これにより，図 3.4(b) に示した 2 個に分割されたデータがそれぞれ並べ替えられたことになる。

　並べ替えが完了したそれぞれのリストをリスト X とリスト Y としてそれぞれのリストの先頭どうしを比較し，大きいほうを新たなリストの末尾に結合する。図 **3.6** に長さ 2 の 2 個のリストを結合しながら並べ替える様子を示す。このような方法で並べ替えを行うアルゴリズムが Merge sort である。

　二つの並べ替えが完了したリストを引数として，これらを降順に結合し並べ替える関数を `merge_sort` とする。この関数のフローチャートは，再帰呼び出しを利用すると図 **3.7** のようになる。

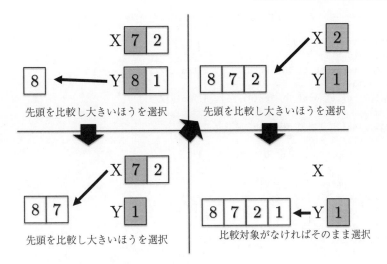

図 3.6 2 個の数値（リストの長さ 2 どうし）の結合並べ替え

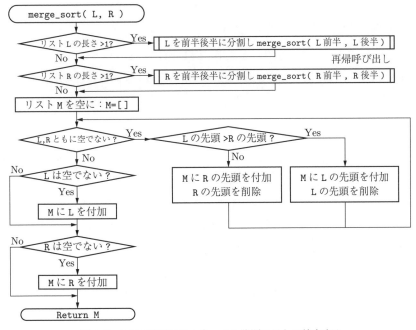

図 3.7 2 個の降順リストを一つの降順リストに結合する
関数 merge_sort のフローチャート

3.2.2 Merge sort の実装

図 3.7 のフローチャートを基に実装した関数 merge_sort を**プログラム 3.3** に示す。関数 merge_sort は，引数が二つの降順でソート済みのリスト，戻り値が引数の二つのリストを降順になるように結合した一つのリストである関数である。

――――――――――― プログラム **3.3** (pop を用いた Merge sort) ―――――――

```
1   def merge_sort( L, R ):
2     if len(L) > 1:
3        L = merge_sort( L[:len(L)//2], L[len(L)//2:] )
4     if len(R) > 1:
5        R = merge_sort( R[:len(R)//2], R[len(R)//2:] )
6     M =[]
7     while len( L ) > 0 and len( R ) > 0 :
8        if L[0] > R[0] :
9           M.append( L.pop( 0 ) )
10       else:
11          M.append( R.pop( 0 ) )
12    if len( L ) > 0 :
13       M.extend( L )
14    elif len( R ) > 0 :
15       M.extend( R )
16    return M
```

プログラム 3.3 では引数のリスト L の長さが 2 以上の際に

$$L = merge\_sort(L[:len(L)//2], L[len(L)//2:])$$

でリスト L を前半（`L[:len(L)//2]`）と後半（`L[len(L)//2:]`）とにスライスで分割し，関数 `merge_sort` を再帰呼び出ししている。リスト R に関しても同様に処理を行う。

　リスト L とリスト R の先頭の大きさを比較し，大きいほうをリスト M の末尾に結合し，元のリストからは削除する。

```
    if L[0] > R[0] :
       M.append( L.pop( 0 ) )
```

ではそれぞれのリストの先頭 `L[0]` と `R[0]` の大きさを比較し，`L[0]` のほうが大きければリスト L の先頭を削除するとともに，削除した内容をリスト M の末尾に結合する。

```
    z = リスト名.pop( k )
```

と記述すると，リストの k 番目の要素の値が取得されてリストからは削除される。したがって k 番目の要素の値は z に代入される。リスト内では k 番目以降の要素は前に詰められる。

```
    リスト名.append( z )
```

と記述すると，リストの末尾に引数 z の内容が追加される。

　リスト L とリスト R のどちらかが長さ 0 となった際には，要素が残っているリストをリスト M の末尾に追加する。

```
    if len( L ) > 0 :
       M.extend( L )
```

前述の `append` メソッドでは引数の内容がリストの末尾に追加されたが，`extend` メソッドでは

引数のリストがリストの末尾に連結†される。

　以上で引数が二つの降順でソート済みのリスト，戻り値が引数の二つのリストを降順になるように結合した一つのリストである関数 `merge_sort` が実装できた。

3.2.3　Merge sort の実装の改良

　3.2.2 項の `merge_sort` の実装では，アルゴリズムの説明どおりに二つのリストの先頭どうしを比較し結合を行った。このため，`pop` メソッドで先頭を取り出している。手順としては何も問題ないが，実装した際にはこれには問題がある。

　`pop` メソッドは指定された要素を取り出しリストから削除した後，取り出した要素以降を前に詰める動作をすることになるが，Python のリストはこの処理に時間を要する。そこで各リストの先頭ではなく末尾を比較することを考える。降順にリストを並べ替える場合，二つのリストの先頭の大きいほうを取り出したが，これは二つのリストの末尾の小さいほうを取り出すことでも実現できる。取り出した要素を新たなリストの先頭に追加すればよいが，先頭に追加することはそれまでに存在している要素の位置をずらす処理が加わるためできれば避けたい。そこで 3.2.2 項と同様に新たなリストの末尾に要素を追加し，最後にリストを反転させることで処理を減らす。

　以上の手順をフローチャートで示すと**図 3.8** のようになる。図 3.7 との違いは「L の先頭 > R

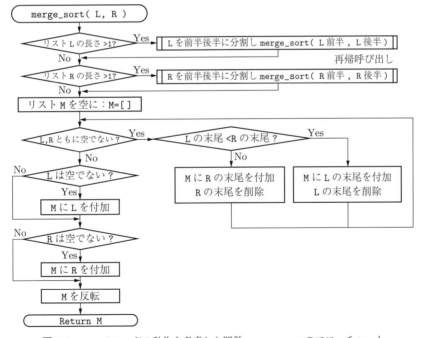

図 3.8　`pop` メソッドの動作を考慮した関数 `merge_sort` のフローチャート

---

†　`append` メソッドでリストを追加すると，リストの最後の要素がリストになってしまう。リストの末尾にリストを連結したい場合は `extend` メソッドを用いる。

の先頭」が「L の末尾 > R の末尾」に変わり，それに伴った処理を変更，また最後にリスト M を反転させている点である。図 3.8 のフローチャートに基づいた関数 merge_sort をプログラム 3.4 に示す。

```
──────── プログラム 3.4 (リスト末尾から pop する Merge sort) ────────
 1   def merge_sort( L, R ):
 2     if len(L) > 1:
 3       L = merge_sort( L[:len(L)//2], L[len(L)//2:] )
 4     if len(R) > 1:
 5       R = merge_sort( R[:len(R)//2], R[len(R)//2:] )
 6     M =[]
 7     while len( L ) > 0 and len( R ) > 0 :
 8       if L[-1] < R[-1] :
 9         M.append( L.pop( -1 ) )
10       else:
11         M.append( R.pop( -1 ) )
12     if len( L ) > 0 :
13       M.extend( L[::-1] )
14     elif len( R ) > 0 :
15       M.extend( R[::-1] )
16     return M[::-1]
```

```
    if L[-1] < R[-1] :
      M.append( L.pop( -1 ) )
```

上記はプログラム 3.4 の 8，9 行目である。このようにそれぞれのリストのインデックスを負値にすると，後ろからの位置の指定となる。末尾は [-1] で指定できる。そこでそれぞれのリストの末尾 L[-1] と R[-1] の大きさを比較し，L[-1] のほうが小さければリスト L の末尾を削除するとともに削除した内容をリスト M の末尾に結合する。

```
    z = リスト名.pop( -1 )
```

と記述すると，リストの末尾の要素の値が取得されてリストからは削除され，その値は z に代入される。

　リスト L とリスト R のどちらかが長さ 0 となった際には，要素が残っているリストをリスト M の末尾に追加するが，そのままでは残っているリストが降順，リスト M が昇順で一致しない。そこで

```
    if len( L ) > 0 :
      M.extend( L[::-1] )
```

としてリストの要素を逆順にしてリスト M に追加する。リストのインデックスを [::-1] とするとリストが逆順となる。

　最後に得られたリスト M を降順にする必要があるため

```
    return M[::-1]
```

で逆順にしている。

3.2.4　Merge sort の pop を使用しない実装

3.2.2 項および 3.2.3 項で実装したプログラムでは pop メソッドを使用したが，使用しなくても実装することができる。そこで図 3.7 のフローチャートに基づき，pop メソッドを使用しないで merge_sort を実装する。

プログラム 3.5 では引数のリスト L および R の要素は変化させることなく，それぞれ変数 k および j で注目する要素の位置を指定して実行を行う。

――――――― プログラム **3.5** (pop を用いない Merge sort) ―――――――

```
1   def merge_sort( L, R ):
2     if len(L) > 1:
3       L = merge_sort( L[:len(L)//2], L[len(L)//2:] )
4     if len(R) > 1:
5       R = merge_sort( R[:len(R)//2], R[len(R)//2:] )
6     M =[]
7     k, j = 0, 0
8     while len( L ) > k and len( R ) > j :
9       if L[k] > R[j] :
10          M.append( L[k] )
11          k=k+1
12      else:
13          M.append( R[j] )
14          j=j+1
15    if len( L ) > k :
16        M.extend( L[k:] )
17    elif len( R ) > j :
18        M.extend( R[j:] )
19    return M
```

```
if L[k] > R[j] :
    M.append( L[k] )
    k=k+1
```

プログラム 3.5 の 9，10，11 行目で，リスト L の k 番目の要素とリスト R の j 番目の要素とを比較し，リスト L の k 番目の要素のほうが大きければ，リスト M の末尾にその要素の内容を追加し，リスト L の要素の注目位置を示す変数 k を増加させることでつぎは後ろの要素が注目される。

章 末 問 題

【**1**】　図 **3.9** に示すプログラムを適切に完成させて，リスト **x**，リスト **y** を Merge sort で降順に並べ替える関数を作成し，実行時間を考察せよ。
　　※プログラム 3.3，プログラム 3.4，プログラム 3.5 の実行時間を比較せよ。

```
# -*- coding: utf-8 -*-
import random
import time

def merge_sort( L, R ):
```

> この部分に引数のリスト L，リスト R をマージしながら降順に
> 並べ替え，戻り値が降順にソートしたリストである関数を記述

```
num = int(1e4)
x = random.sample( range(num), num )
start = time.process_time()

x = merge_sort( x[:len(x)//2], x[len(x)//2:] )

elapsed_time = time.process_time() - start
print( elapsed_time , 'sec' )
print( 'Max:', x[0], ' Mid:', x[int(num/2)], ' Min:', x[num-1] )
```

図 **3.9** Merge sort アルゴリズムの実行時間の測定

4

Quick sort とリスト内包表記

ここまで Selection sort, Bubble sort, Merge sort を紹介してきたが, 本章では Quick sort と呼ばれるアルゴリズムを紹介する。**Quick sort**（**クイックソート**）は 1960 年に Charles Antony Richard Hoare[†]によって開発されたアルゴリズムで, その名のとおり高速な並べ替えアルゴリズムの一つである。Quick sort も 3 章で紹介した Merge sort 同様に「分割統治法」に基づきデータの並べ替えを実現するアルゴリズムである。このため Quick sort は Merge sort に似ている。Quick sort と Merge sort の違いは, 要素のリストをどのように分割して処理を行うかである。

4.1 Quick sort

4.1.1 データ分割法

Quick sort では与えられたデータのリストの中から任意の一つの要素を選択し, この要素の値を基準値とする。そして基準値よりも大きい値のデータと小さい値のデータとにリストを分割する。分割されたリストに対して, 上記の分割をリストに含まれる要素が 1 個になるまで繰り返すことで並べ替えが実現する。任意に選択された要素を**ピボット**（pivot）という。ピボットはデータリストのどの要素であってもよいが, 簡単化のためリストの先頭もしくは末尾が選ばれることが多い。

図 **4.1** に Quick sort でのデータ分割例を示す。この例では 8 個の数値データがリスト x に格納されており, これを並べ替える。ここではリストの先頭 x[0] の値を基準値（ピボット）とする。x[0] が 4 であるため, これよりも大きい [8,6,7,5] と [2,1,3] に分割する。つぎに分割されたそれぞれのリストの先頭要素の値を基準値としてそれぞれのリストを分割する。これをリストに含まれる要素数が 1 になるまで分割を繰り返す。図 **4.2** のように分割が完了した時点で, 端からリストを結合させることで降順（昇順）に要素値が並び変わったリストが得られる。

以上が Quick sort である。Quick sort も問題を再帰的に分割して解くアルゴリズムであり Merge sort と同様に分割統治法の一つである。

---

† Charles Antony Richard Hoare（1934-）：イギリスの数学者。

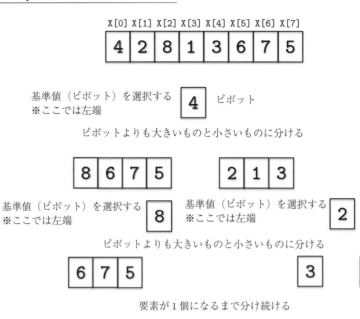

図 **4.1**   Quick sort でのデータ分割例

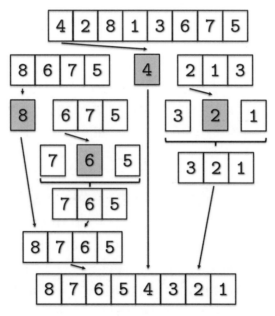

図 **4.2**   Quick sort 例

4.1.2   実　　　　装

Quick sort の手順を関数としてフローチャートで示すと図 **4.3** のようになる。この関数は並べ替え対象のリスト X を引数，並べ替え結果のリストを戻り値とする。基準値 pivot よりも大きい要素をリスト left，小さい要素をリスト right に分割し，それぞれのリストをこの関数を再帰的に呼び出すことで並べ替える。再帰的に呼び出す関数であるため，引数のリストの要

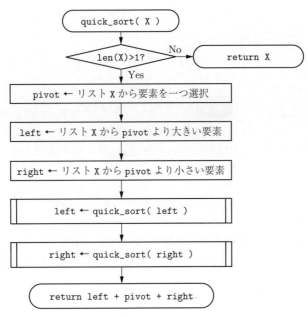

図 4.3 Quick sort のフローチャート

素数が 1 以下である場合は引数のリスト X をそのまま戻り値のリストとする。

図 4.3 のフローチャートを基に実装した関数 quick_sort を**プログラム 4.1** に示す。

──────── プログラム **4.1** (Quick sort) ────────

```
1   def quick_sort( X ):
2     if len(X) > 1:
3        pivot = X.pop( -1 )
4        left = []
5        right = []
6        mid = [pivot]
7        for data in X:
8           if data > pivot:
9              left.append( data )
10          elif data < pivot:
11             right.append( data )
12          else:
13             mid.append( data )
14       X = quick_sort(left) + mid + quick_sort(right)
15     return X
```

関数 quick_sort は引数に与えられたリスト X を並べ替え，その結果のリストを戻り値とする関数である。

引数のリスト X の末尾を X.pop(-1) で取り出し，基準値 pivot にする。末尾の要素を pop で取り出すことで，その他の要素のインデックスを変化させる必要がない。基準値 pivot より大きい要素をリスト left，小さい要素をリスト right に append メソッドで追加する。pivot の値をもった要素が複数ある可能性があるため，pivot と一致するものはすべてリスト mid に

追加する。リスト `left`，リスト `right` は再帰的に関数 `quick_sort` の引数に渡し，リストを降順に並べ替える。それぞれ並べ替えられたリスト `left`，リスト `right` とその間の要素となるリスト `mid` を連結させることで降順となったリストを戻り値としている。

4.2 リスト内包表記

Python のリストには**リスト内包表記**（comprehension notation）と呼ばれるリストを作成するための構文構造がある。

4.2.1 イテラブルオブジェクト

リスト内包表記では**イテラブルオブジェクト**（iterable object）を用いる。イテラブルオブジェクトとは，要素を一つずつ取り出して処理ができる複数の要素からなるオブジェクトのことである。Python で使用可能なイテラブルオブジェクトには

- リスト

- タプル

- 辞書

- 集合

- 文字列

- range 型

などのデータ型がある。

4.2.2 リスト内包表記の基本形

リスト内包表記の基本形はつぎのように記述する。

[式 1 for 変数 in イテラブルオブジェクト]

上記はイテラブルオブジェクトから順に要素が取り出されて「変数」に代入され，代入ごとに「式 1」が処理され，リストの要素となる。

例えば

[k*2 for k in range(10)]

は `range(10)` で 0 から 9 までの 10 個の整数が要素のイテラブルオブジェクトが生成され，これが順に変数 `k` に代入される。そして `k*2` の値がリストの要素になる。よって

[0, 2, 4, 6, 8, 10, 12, 14, 16, 18]

である。

4.2.3　if を利用した内包表記

リスト内包表記は if が使用可能である。

[式 1 for 変数 in イテラブルオブジェクト if 条件]

この場合，イテラブルオブジェクトから順に要素が取り出されて「変数」に代入され，その「変数」が「条件」を満足していれば「式 1」が処理され，リストの要素となる。

例えば

[k for k in range(10) if k%2==0]

は range(10) で 0 から 9 までの 10 個の整数が要素のイテラブルオブジェクトが生成され，これが順に変数 k に代入され，k%2==0 であれば k の値がリストの要素になる。これは k を 2 で除したときの余り（剰余）が 0 であるという条件である。よって

[0, 2, 4, 6, 8]

である。

4.2.4　if～else を利用した内包表記

if のみを使用した場合は「条件」が満足したときのみ処理を行ったが，条件に応じて処理を変えたい場合がある。その場合には if～else を用いることができる。ただし，上記の if のみを使用した場合と記述順が異なり，if 節が前方になることに注意する。

[式 1 if 条件 else 式 2 for 変数 in イテラブルオブジェクト]

この場合，イテラブルオブジェクトから順に要素が取り出されて「変数」に代入され，その「変数」が「条件」を満足していれば「式 1」が処理，満足していなければ「式 2」が処理され，リストの要素となる。

例えば

[k if k%2==0 else k*2 for k in range(10)]

は range(10) で 0 から 9 までの 10 個の整数が要素のイテラブルオブジェクトが生成され，これが順に変数 k に代入され，k%2==0 であれば k の値が，そうでなければ k*2 の値がリストの要素になる。よって

[0, 2, 2, 6, 4, 10, 6, 14, 8, 18]

となる。

4.2.5　複　　合　　型

上記の組合せで

　　[式 1 if 条件 1 else 式 2 for 変数 in イテラブルオブジェクト if 条件 2]

という記述もできる。これは，イテラブルオブジェクトから順に要素が取り出されて「変数」に
代入され，その「変数」が「条件 1」を満足していれば「式 1」が処理され，満足していなけれ
ば「式 2」が処理され，処理結果が「条件 2」を満足すればリストの要素となる。

　例えば

　　[k if k%2==0 else k*2 for k in range(10) if k%3!=0]

は range(10) で 0 から 9 までの 10 個の整数が要素のイテラブルオブジェクトが生成され，こ
れが順に変数 k に代入され，k%2==0 であれば k の値，そうでなければ k*2 の値で，この値が
k%3!=0 を満足していればリストの要素になる。よって

　　[2, 2, 4, 10, 14, 8]

となる。

　4.3　　リスト内包表記を利用した Quick sort

　Quick sort はリストの分割，連結を再帰的に行うことで並べ替えを行っている。プログラム
4.1 に示したプログラムでは，リスト X の要素で pivot より大きい要素は

```
for data in X:
    if data > pivot:
        left.append( data )
```

として append メソッドでリスト left に追加している。
　これをリスト内包表記で以下のように書き換える。

```
left  = [ element for element in X if element > pivot ]
```

これはリスト X から要素を element に取り出し，これが pivot よりも大きければリストの要
素とする。このためリスト left はリスト X の要素のうち pivot よりも大きいもののみが要素
となる。プログラム 4.1 をリスト内包表記を用いて書き換えると，**プログラム 4.2** のように記
述できる。

―――――― プログラム 4.2 (リスト内包表記を用いた Quick sort) ――――――
```
1  def quick_sort( X ):
2      if len(X) > 1:
```

```
3          pivot = X.pop( -1 )
4          left  = [ element for element in X if element > pivot ]
5          right = [ element for element in X if element < pivot ]
6          mid   = [pivot] * (1+len(X)-len(left)-len(right))
7          X = quick_sort(left) + mid + quick_sort(right)
8      return X
```

　引数のリスト X の末尾を X.pop(-1) で取り出し，基準値 pivot にする。基準値 pivot より大きい要素がリスト left，小さい要素がリスト right となるようにリスト内包表記でリストを生成する。pivot の値をもった要素が複数ある可能性があるため，pivot の値をもったリスト mid を生成する。リスト mid の生成では要素数をまず計算する。リスト X の要素数からリスト left およびリスト right の要素数を減算する。ただしリスト X からは pivot の要素をすでに pop メソッドで削除しているため，1 を加え，リスト mid の要素数を決定し，リスト mid を生成する。リスト left，リスト right は再帰的に関数 quick_sort の引数に渡し，リストを降順に並べ替える。それぞれ並べ替えられたリスト left，リスト right とその間の要素となるリスト mid を連結させることで降順となったリストを戻り値としている。

章　末　問　題

【1】　リスト x，リスト y を Quick sort で降順に並べ替える関数を作成し図 **4.4** のプログラムを完成させてその実行時間を考察せよ。

　　　※ プログラム 4.1 とプログラム 4.2 の実行時間を比較せよ。

```
# -*- coding: utf-8 -*-
import random
import time

def quick_sort( X ):

    ┌──────────────────────────────────────────────┐
    │ この部分に引数のリスト x をクイックソートで降順に並べ替え， │
    │ 戻り値が降順にソートしたリストである関数を記述          │
    └──────────────────────────────────────────────┘

num = int(1e4)
x = random.sample( range(num), num )
start = time.process_time()

x = quick_sort( x )

elapsed_time= time.process_time() -start
print( elapsed_time, 'sec' )
print( 'Max:', x[0], ' Mid:', x[int(num/2)], ' Min:', x[num-1] )
```

図 **4.4**　Quick sort アルゴリズムの実行時間の測定

5 | 計　算　量

　同じ処理でもコンピュータの CPU 等の性能によってその処理速度は大きく異なる。しかし，同じ目的の処理でもアルゴリズムによって CPU 等の性能差以上に処理速度が異なる。前章までに紹介した並べ替えのアルゴリズムも，そのアルゴリズムごとに並べ替え処理速度が大きく異なる。このアルゴリズムの性能を測る指標が「計算量」である。計算量には「時間計算量」と「空間計算量」があるが，本章ではおもに時間計算量について説明する。

5.1　実　行　時　間

　2 章では Selection sort と Bubble sort，3 章では Merge sort，4 章では Quick sort を紹介した。これらはすべて「並べ替え」を解決するアルゴリズムであるが，実際に動作させると同じ量のデータの並べ替えでもその実行時間には大きな差が発生する。

　各並べ替えアルゴリズムの実行時間を実験し，その結果を**図 5.1** および**表 5.1** に示す。

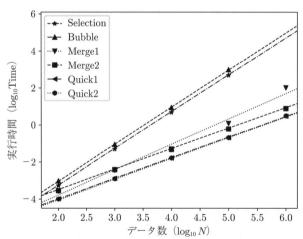

図 5.1　データサイズに対する各アルゴリズムの処理時間
（Intel Core i7 2.7 GHz）

　図 5.1 および表 5.1 の結果は，MacBook Pro 2018 モデル Core i7 2.7 GHz 16 GB Memory macOS 10.14.6 上の Python 3.7.3 で各アルゴリズムを実装したプログラム 2.17，プログラム 2.18，プログラム 3.3，プログラム 3.4，プログラム 4.1，プログラム 4.2 を用いて乱数で生成

表 **5.1** 各並べ替えアルゴリズムの実行時間の比較

上段：施行 10 回の平均時間〔s〕，下段：標準偏差

データ数	Selection sort プログラム 2.17	Bubble sort プログラム 2.18	Merge sort		Quick sort	
			プログラム 3.3	プログラム 3.4	プログラム 4.1	プログラム 4.2
100	5.336e−04 1.105e−04	9.567e−04 1.302e−04	2.677e−04 1.764e−05	2.854e−04 1.230e−05	1.029e−04 6.661e−06	9.857e−05 5.630e−06
1 000	4.972e−02 3.213e−03	8.877e−02 3.008e−03	3.555e−03 8.542e−05	3.883e−03 5.271e−04	1.307e−03 1.030e−04	1.250e−03 5.866e−05
10 000	4.856e+00 8.572e−02	8.876e+00 5.020e−02	5.042e−02 7.592e−04	4.770e−02 1.129e−03	1.658e−02 6.427e−04	1.650e−02 6.260e−04
100 000	4.885e+02 9.082e−01	9.804e+02 3.998e+01	1.227e+00 2.793e−02	6.129e−01 1.494e−02	2.081e−01 4.718e−03	2.069e−01 3.761e−03
1 000 000			1.031e+02 2.116e+00	7.849e+00 1.168e−01	3.063e+00 1.069e−01	3.176e+00 1.375e−01

MacBook Pro 2018, Core-i7 2.7 GHz 16 GB macOS 10.14.6 Python 3.7.3

した 100 個，1 000 個，10 000 個，100 000 個，1 000 000 個のデータを並べ替えた際の処理時間を測定した。1 000 000 個のデータに対しての Selection sort，Bubble sort の処理時間は測定していない。

図 5.1 は両対数軸のグラフであり，横軸はデータ数を対数で示し，縦軸は 10 回の試行の平均処理時間を対数で示している。各マーカがデータを表し，各線はこれらのデータに対する近似曲線を示す。図 5.1 に示したように，得られたデータに対する両対数グラフ上で近似曲線は直線であることから，データ数と実行時間には累乗近似関係があることがわかる。

Selection sort，Bubble sort ではデータ数が 10 倍になるごとに処理時間はおおよそ 100 倍である。これに対して Merge sort，Quick sort ではデータ数が 10 倍になるごとに処理時間はおおよそ 13 倍程度である。

表 **5.2** に同様の実験を MacBook Pro 2020 モデル Apple-M1 16 GB Memory macOS 11.5.2 上の Python 3.9.7 での実行結果を示す。表 5.1 の結果と比べ，CPU の違いから処理速度が速

表 **5.2** 各並べ替えアルゴリズムの実行時間の比較（Apple-M1）

上段：施行 10 回の平均時間〔s〕，下段：標準偏差

データ数	Selection sort プログラム 2.17	Bubble sort プログラム 2.18	Merge sort		Quick sort	
			プログラム 3.3	プログラム 3.4	プログラム 4.1	プログラム 4.2
100	4.183e−04 2.053e−04	5.185e−04 2.038e−05	1.510e−04 4.631e−06	1.518e−04 2.032e−06	6.280e−05 4.476e−06	5.813e−05 3.706e−06
1 000	3.237e−02 5.840e−04	5.515e−02 4.941e−04	1.731e−03 2.913e−05	1.664e−03 9.787e−06	8.055e−04 4.291e−05	7.812e−04 2.409e−05
10 000	3.202e+00 2.233e−02	5.854e+00 3.350e−02	2.730e−02 8.096e−05	2.148e−02 8.688e−05	1.027e−02 2.998e−04	1.020e−02 2.364e−04
100 000	3.281e+02 3.491e+00	6.190e+02 3.048e+01	4.004e+00 4.868e−02	2.664e−01 9.824e−04	1.269e−01 1.990e−03	1.263e−01 1.780e−03
1 000 000			5.319e+02 6.389e+00	3.214e+00 2.537e−02	1.529e+00 2.918e−02	1.527e+00 3.177e−02

MacBook Pro 2020, Apple-M1 16 GB Python 3.9.7

いことが確認できるが，データ数が10倍になった際のそれぞれのアルゴリズムの処理時間の増え方は同様である。このようにCPUの違いで処理速度に差は出るものの，処理速度はアルゴリズムそのものによる影響が大きいことがわかる。そこで，各アルゴリズムの計算に要する時間を評価することを考える。

5.2　アルゴリズムの計算手順

5.2.1　Selection sort

Selection sortの計算手順を図 5.2に示す。ここに示したSelection sortアルゴリズムにより降順に並べ替える場合，先頭のデータから順に自身より後にある各データと大きさを比較し，後のデータのほうが大きければそれらのデータを入れ替える。データの総数を N とすると比較は以下の回数行う。

$$\sum_{k=1}^{N-1} n = \frac{N(N-1)}{2} \tag{5.1}$$

最悪の場合，すべての比較の際に入れ替えの手順が合わせて必要になる。例えば，$N = 128$ の場合，8 128回の比較・入れ替えの手順が必要であり，$N = 1\,024$ では523 776回の比較・入れ替え手順が必要になる可能性がある。

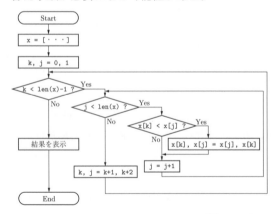

```
def selection_sort( x ):
    for k in range( len(x)-1 ):
        for j in range( k, len(x) ):
            if x[k] < x[j]:
                x[k], x[j] = x[j], x[k]
    return x
```

図 5.2　Selection sort

5.2.2　Bubble sort

Bubble sortの計算手順を図 5.3に示す。Bubble sortアルゴリズムでは先頭のデータから順に隣のデータと大きさを比較し，隣のデータのほうが大きければそれらのデータを入れ替えるアルゴリズムである。データの総数を N とすると，比較は以下の回数行う。

$$\sum_{k=1}^{N-1} n = \frac{N(N-1)}{2} \tag{5.2}$$

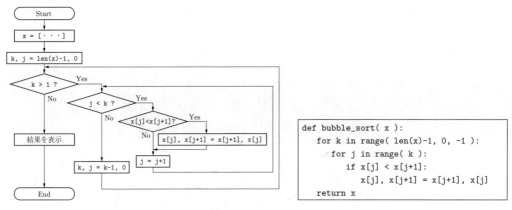

図 **5.3**　Bubble sort

最悪の場合，すべての比較の際に入れ替えが行われる。これは Selection sort と同様であり，Selection sort と Bubble sort は基本的に同じ手順数が必要であることがわかる。

5.2.3　Merge sort

Merge sort の計算手順を図 **5.4** に示す。Merge sort アルゴリズムはデータを小さな単位に分割し，それら小さな単位内で並べ替えてから，それらを元の長さになるように並べ替え結果を考慮しながら結合することで並べ替えを行うアルゴリズムである。

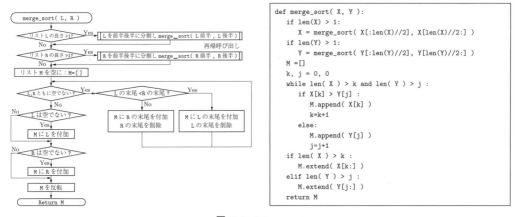

図 **5.4**　Merge sort

Merge sort でデータの分割は再帰的に行われるが，手順としてはそれらを結合する際に比較・代入が必要となる。例えばデータ総数が 2 の場合の結合は，それぞれ長さ 1 の二つのデータを比較し結合するため比較回数は 1 回である。データ総数が 4 の場合の結合は，それぞれ長さ 2 の二つのデータを比較し結合するため比較回数は 3 回である。データ総数が N の場合，二つのデータを結合するための比較回数は $N-1$ 回である。これをまとめると図 **5.5** のようになる。

データ総数 N での比較回数を $T(N)$ とおく。データ総数 1 では比較回数は 0 回，データ総

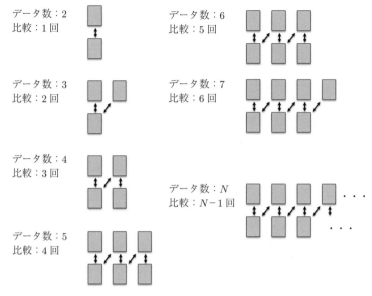

データ数：2
比較：1回

データ数：6
比較：5回

データ数：3
比較：2回

データ数：7
比較：6回

データ数：4
比較：3回

データ数：N
比較：N−1回

データ数：5
比較：4回

図 5.5　Merge sort の処理

数 2 では比較回数は 1 回であるので

$$T(1) = 0 \tag{5.3}$$

$$T(2) = 1 \tag{5.4}$$

である。

　データ総数 3 ではデータ数 2 とデータ数 1 に，データ総数 4 ではデータ数 2 とデータ数 2 に分割する。分割後の結合は図 5.5 に示したようにデータ総数 3 では 2 回，データ総数 4 では 3 回である。したがって

$$T(3) = T(1) + T(2) + 2 = 3 \tag{5.5}$$

$$T(4) = T(2) + T(2) + 3 = 5 \tag{5.6}$$

となる。

　これを一般化すると

$$T(N) = T\left(\left\lfloor \frac{N}{2} \right\rfloor\right) + T\left(\left\lceil \frac{N}{2} \right\rceil\right) + (N - 1) \tag{5.7}$$

である。

　$N = 2^k$ の場合について考える。$T(2^k)$ は

$$T(2^k) = 2T(2^{k-1}) + (2^k - 1) \tag{5.8}$$

である。よって

$$T(2^k) = (k-1)\, 2^k + 1 \tag{5.9}$$

である。$N = 2^k$ を式 (5.9) に代入すると

$$T(N) = (\log_2 N - 1)\, N + 1 = N \log_2 N - N + 1 \tag{5.10}$$

となる。

$2^{k-1} < M < 2^k$ のとき，$N = 2^k$ とすると $M < N$ であり

$$T(M) \leq T(N) = N \log_2 N - N + 1 \tag{5.11}$$

である。

以上より，データ総数 N のときの比較回数 $T(N)$ は

$$T(N) \leq N \log_2 N - N + 1 \tag{5.12}$$

となる。最悪の場合，すべての比較の際に入れ替えの手順が合わせて必要になる。例えば，$N = 128$ の場合 769 回の比較・入れ替えの手順が必要であり，$N = 1\,024$ では 9\,217 回の比較・入れ替え手順が必要になる可能性がある。

5.2.4　Quick sort

Quick sort の計算手順を**図 5.6** に示す。Quick sort アルゴリズムはデータの中から任意の一つの要素を基準値（`pivot`）とし，これよりも大きい値のデータと小さい値のデータとにリストを分割する。分割されたリストに対して，再帰的にリストに含まれる要素が 1 個になるまで分割を繰り返すことで並べ替えを行うアルゴリズムである。

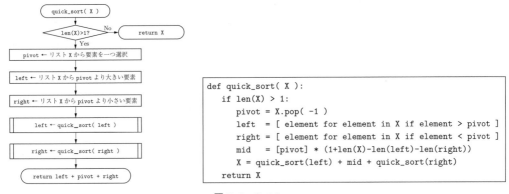

```
def quick_sort( X ):
    if len(X) > 1:
        pivot = X.pop( -1 )
        left  = [ element for element in X if element > pivot ]
        right = [ element for element in X if element < pivot ]
        mid   = [pivot] * (1+len(X)-len(left)-len(right))
        X = quick_sort(left) + mid + quick_sort(right)
    return X
```

図 5.6　Quick sort

データ総数 N での比較回数を $T(N)$ とおく。データ総数 1 では基準値のみであるため比較回数は 0 回，データ総数 2 では基準値との比較のみであるため比較回数は 1 回である。よって

$$T(1) = 0 \tag{5.13}$$

$$T(2) = 1 \tag{5.14}$$

である。

　データ総数 3 では基準値によってデータ数 1 とデータ数 1 に，データ総数 4 ではデータ数 2 とデータ数 1 に分割されたとすると，比較回数は図 **5.7** に示すようにそれぞれ 2 回と 3 回である。これらをまとめると図 5.7 のようになる。

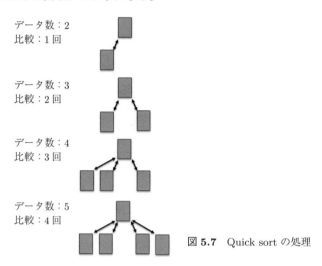

データ数：2
比較：1 回

データ数：3
比較：2 回

データ数：4
比較：3 回

データ数：5
比較：4 回

図 **5.7**　Quick sort の処理

　したがって，この場合

$$T(3) = T(1) + T(1) + 2 = 2 \tag{5.15}$$

$$T(4) = T(2) + T(1) + 3 = 4 \tag{5.16}$$

となる。

　しかしながら，図 **5.8** に示すように選択された基準値がデータの最大値，もしくは最小値であった場合，データは分割されない。このときの $T(3)$ は

$$T(3) = T(2) + 2 = 3 \tag{5.17}$$

となる。このため

図 **5.8**　基準値が最大もしくは
最小の場合

$$T(4) = T(3) + 3 = 5 \text{ or } 6 \tag{5.18}$$

となる。

このように Quick sort では基準値の選択に依存し，その手順は大きく変化する。毎回の基準値の選択がつねに対象データの最大値もしくは最小値である場合，データ総数 N のときの比較回数 $T(N)$ は

$$T(N) = \frac{N(N-1)}{2} \tag{5.19}$$

となる。毎回基準値の選択がつねに対象データの最大値もしくは最小値となる可能性は低く，平均ではデータ総数 N のときの比較回数 $T(N)$ は

$$T(N) = (N+1)\log_2 N + (N+1) \tag{5.20}$$

程度になる[†]。

5.3 アルゴリズムの評価指標

ここまで紹介した並べ替えのアルゴリズム Selection sort, Bubble sort, Merge sort, Quick sort のように，同じ問題を解決するアルゴリズムは複数存在する。アルゴリズムを評価する指標に**計算量**（computational complexity）がある。この計算量には

- **時間計算量**（time complexity）

- **空間計算量**（space complexity）

がある。時間計算量は処理にどれだけの時間を要するのかという**処理時間**（processing time）を，空間計算量は処理にどれだけの記憶容量を要するのかという**メモリ使用量**（memory usage）を表す。このどちらも少ないアルゴリズムがよいアルゴリズムといえる。ただし，一般的に，時間計算量を少なくするためには空間計算量を多くしなければならず，空間計算量を少なくするためには時間計算量を多くしなければならないという，トレードオフの関係がある。近年はコンピュータに非常に多くのメモリが搭載されることが多くなり，単に計算量というと時間計算量を指す場合が多い。

5.3.1 時 間 計 算 量
コンピュータでの処理速度は CPU の処理速度に依存するが，ここでは各アルゴリズム固有の処理速度を考える。そのため実際の計算時間ではなく計算手順数を考慮し，問題の規模に対して処理時間がどの程度増加するのかに注目する。

$f(n)$ と $p(n)$ を自然数 n に対して定義された関数とする。任意の自然数 n に対して

[†]　厳密に Quick sort の比較回数の平均値を求めることは困難である。

$$\frac{f(n)}{p(n)} < C \tag{5.21}$$

を満足する n によらない定数 C が存在するとき

$$f(n) = O(p(n)) \tag{5.22}$$

と書いて「$f(n)$ は $p(n)$ の**オーダー**（order）である」という。

例 5.1　$f(n)$, $p(n)$ が以下のように与えられている場合を考える。

$$f(n) = 3n^2 + 8n + 6$$
$$p(n) = n^2 \tag{5.23}$$

このとき

$$\frac{f(n)}{p(n)} = \frac{3n^2 + 8n + 6}{n^2} = 3 + \frac{8}{n} + \frac{6}{n^2} \leq 17 \tag{5.24}$$

となる。n によらない定数 C（$= 17$）が存在するので「$f(n)$ は $p(n) = n^2$ のオーダーである」といえる。これは n を大きくしても，$f(n)$ は $p(n)$ の C 倍を超えないことを意味する。

5.3.2　O　記　法

　時間計算量を考える指標が **O 記法**（Bachmann-Landau O-notation）での表記である。これは，あるアルゴリズムへの入力データが増加した際に，どの程度の割合で時間計算量が増加したかを入力データ数を n として

$$O(n \text{ の式}) \tag{5.25}$$

として表したものである。この O 記法はアルゴリズムがどの程度の計算量になるかをオーダーで示したものであり，秒や回などの単位はつかず，具体的な処理時間を示すものではない。アルゴリズムの計算手順数が多項式で表される場合，その中の最高次数のものを残し，その係数を 1 としたもので表す。例えば入力データ数 n に対して，あるアルゴリズムの計算手順数 $f(n)$ がつぎのように与えられているとする。

$$f(n) = 3n^2 + 8n + 6 \tag{5.26}$$

式 (5.26) では最高次数は n^2 であるので，O 記法は $O(n^2)$ となる。

　これまでに紹介したアルゴリズムの計算手順数はデータ総数を n とすると

$$
\left.
\begin{array}{ll}
\text{Selection sort：} & \dfrac{n(n-1)}{2} \\[2mm]
\text{Bubble sort：} & \dfrac{n(n-1)}{2} \\[2mm]
\text{Merge sort：} & n\log_2 n - n + 1 \\[2mm]
\text{Quick sort：} & \text{最悪：}\dfrac{n(n-1)}{2},\ \text{平均：}(n+1)\log_2 n + (n+1)
\end{array}
\right\} \tag{5.27}
$$

であるので，O 記法では

$$
\left.
\begin{array}{ll}
\text{Selection sort：} & O(n^2) \\[1mm]
\text{Bubble sort：} & O(n^2) \\[1mm]
\text{Merge sort：} & O(n\log n) \\[1mm]
\text{Quick sort：} & \text{最悪：}O(n^2),\ \text{平均：}O(n\log n)
\end{array}
\right\} \tag{5.28}
$$

となる。通常，計算量のオーダーを考える場合は最悪手順数を考慮するが，Quick sort の場合，最悪となる可能性は非常に低いため通常平均で考える。これら O 記法でのオーダーと表 5.1 の結果はほぼ一致していることが確認できる。

O 記法でのオーダーはつぎのような大小関係がある。

$$
1 < \log n < n < n\log n < n^2 < n^3 < 2^n < n! \tag{5.29}
$$

図 5.9 にオーダーごとの入力データ数に対する計算量を示す。

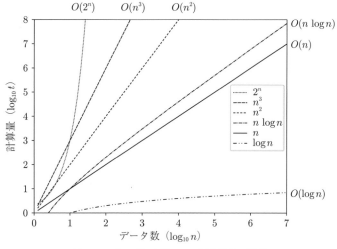

図 5.9　オーダーごとの n と計算量の関係

章　末　問　題

【1】　Python のリストでは並べ替えのメソッド sort() が用意されている。

　　　　リスト名. sort()

と記述することでリスト内の要素が並べ替えられる。

　　また，イテラブルオブジェクトは組込み関数 **sorted** で要素が並べ替えられた新たなイテラブルオブジェクトが得られる。

　　　　新たなイテラブルオブジェクト　=　sorted(元のイテラブルオブジェクト)

と記述すると元のイテラブルオブジェクトが並べ替えられた新たなイテラブルオブジェクトが得られる。

　　そこで任意のデータ数のリストを用いて，これまでに紹介した Selection sort，Bubble sort，Merge sort，Quick sort とリストの **sort** メソッド，組込み関数の **sorted** での処理速度を比較し考察せよ。

6 検　　索

　大量のデータの中に目的のデータが含まれているかどうかを確かめることを検索という。大量のデータの中に目的とするデータが存在するかどうかを確認することは，コンピュータを利用してデータを処理する際にはこの検索が非常に重要となる。検索もソートと同様に対象となるデータの個数によってその実行時間が変化するが，アルゴリズムとデータ構造によって検索時間は大きく変わる。

　本章では最も基本的，かつ最も実行時間を必要とする線形検索，データ構造を少し工夫することで実行時間を飛躍的に向上させる二分検索をまず取り上げる。そのうえでさらに効率のよい検索を実現するためにハッシュ法を説明し，これを Python で実装する際に非常に適したデータ構造である辞書型オブジェクトを説明し，ハッシュ法を辞書型オブジェクトを用いて実装する。

　6.1　線 形 検 索

　データの中から目的の要素を探し出すことを**検索**（search）という。単に探し出すだけでなくデータの中に目的の要素が含まれていないことを確認することも検索である。

　ここでは N 個の重複していない整数の中に，任意のある数値が含まれているかどうかを調べる。最も簡素な検索方法は，N 個のリストの先頭から順に任意の数値であるかどうかを調べる

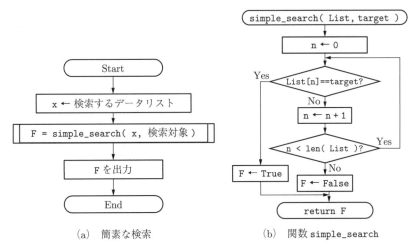

(a)　簡素な検索　　　　　　(b)　関数 simple_search

図 **6.1**　簡素な検索アルゴリズム

ことである。

　図 **6.1** はリスト x に検索対象が含まれているかどうかを調べるアルゴリズムのフローチャートである。関数 simple_search は引数 List 内に検索対象 target が含まれているかをリストの先頭から順に確認し，含まれている場合は True（真）が，含まれていない場合は False（偽）が返り値となる。

　図 6.1 に示したフローチャートを基に実装した関数 simple_search を**プログラム 6.1** および**プログラム 6.2** に示す。

―――――― プログラム 6.1 (簡素な検索アルゴリズム (1)) ――――――

```
1  def simple_search( List, target ):
2      for n in range( len(List) ):
3          if List[n] == target:
4              return True
5      return False
```

―――――― プログラム 6.2 (簡素な検索アルゴリズム (2)) ――――――

```
1  def simple_search( List, target ):
2      for key in List:
3          if key == target:
4              return True
5      return False
```

　プログラム 6.1 は関数 simple_search の引数のリスト List に含まれる要素数を len でカウントし，これを range を使用して 0 から順に変数 n に代入しながら List の n 番目が target に等しいかを調べている。

　イテラブルオブジェクトは

　　　for 変数 in イテラブルオブジェクト

と記述するとイテラブルオブジェクトの最初から順に変数に代入される。そこでプログラム 6.2 では

　　　for key in List:

で List の要素が先頭から順に key に代入され，target に等しいかを調べている。

　プログラム 6.1 とプログラム 6.2 はアルゴリズムとしては同じであるが，List の n 番目の要素を取り出す際に要素のインデックス値を使用するプログラム 6.1 のほうが実行速度は若干遅い。しかしながらどちらも最初の要素から順に検索を行うことから，検索対象データがリスト中に存在しない場合はすべての要素を調べる必要があるため，リストの要素数が N である場合その時間計算量は $O(N)$ となる。このようなリストの先頭から順に検索を行う簡素な検索アルゴリズムは**線形検索**（linear search）と呼ばれる。

6.2 二 分 検 索

N 個の重複していない整数のリスト中に，任意のある整数が検索対象として，リストに含まれているかを調べる。リストはあらかじめ昇順に整列している†ものとする。このとき，検索対象が以下の手順でリストに含まれているかどうかを調べる。

1. リストの中央の要素を確認し，検索対象であれば終了。

2. 検索対象がリストの中央の要素よりも小さい場合はリストの前半を，中央の要素よりも大きい場合はリストの後半を新たなリストとして1.に戻る。ただし，新たなリストが空になった場合は検索対象が存在しないとして終了。

この手順をフローチャートで表すと図 **6.2** のようになる。

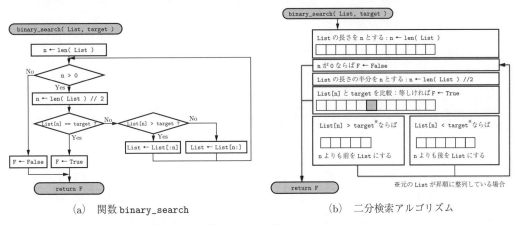

(a) 関数 `binary_search`　　　　(b) 二分検索アルゴリズム

図 **6.2** 二分検索アルゴリズムのフローチャート

図 6.2 に示した検索フローチャートを基に実装した関数 `binary_search` をプログラム **6.3** に示す。

```
──── プログラム 6.3 (二分検索アルゴリズム) ────
1   def binary_search( List, target ):
2     n = len( List )
3     while n > 0:
4       n = len( List ) // 2
5       if List[n] == target:
6         return True
7       elif List[n] > target:
8         List = List[:n]
9       else:
10        List = List[n:]
11    return False
```

---

† 降順であってもよい。

プログラム 6.3 では List の中央の要素が検索対象であるかを確認し，検索対象でなかった場合は中央の要素の値と検索対象とを比較し，その結果に基づき List を中央の要素の前後で分割し，List の前半もしくは後半に対して，同様の検索を繰り返す。このようにリストが昇順もしくは降順に整列していることを前提に，検索対象がリスト順の中央値との大小を比較しながら探索する方法を**二分検索**（binary search）という。リストを半分に分割することを繰り返し探索をするため，リストの要素数を N とすると二分検索では最悪 $\log N$ 回の検索が必要となる。このため二分検索の時間計算量は $O(\log N)$ となる。ただし，リストの要素が整列していない場合は，まずソートを実施する必要がある。

6.3 ハ ッ シ ュ 法

二分検索では対象となるリストの要素が整列していることが必要であった。単に整列しているだけでなく，リストの各要素とインデックスが一致しているリストを考える。例えば

List = [0, 3, 4, 5, 6, 7, 9]

というリストを

List = [0, '', '', 3, 4, 5, 6, 7, '', 9]

のように要素がリストに格納されるように変更する。このようにすることで各要素とインデックスが一致し，要素が存在しない場合は '' となる。この場合，検索対象をリストのインデックスとし，その内容が '' でなければ検索対象は存在する。このように各要素とインデックスが一致するようにリストに保存し，要素を検索する方法を**ダイレクトアクセス**（direct access）という。

ダイレクトアクセスができるようにリストが構成されている場合，検索を行う関数 direct_access をプログラム **6.4** に示す。

--- プログラム 6.4 (ダイレクトアクセス) ---

```
1  def direct_access( List, target ):
2    if List[target] == ''
3      return False
4    else:
5      return True
```

ダイレクトアクセスでは List 内に target が含まれているかを，target に対応したインデックスの内容を確認するだけで検索が完了する。このためダイレクトアクセスの時間計算量は $O(1)$ であり，リストに含まれる要素数に関係なくつねに同じ時間で検索ができる。

ダイレクトアクセスは，リストに含まれる要素数に関係なく非常に高速に検索をすることができるが，つぎのような問題がある。

- リストの大きさが非常に大きくなる可能性がある。

- リストのインデックスと要素とを一致させる必要があるため，使用可能なデータが限定される。

これらの問題を解決するため，各データに対して何らかの処理を施し，データに対応した値を計算する関数を考える。このような関数を**ハッシュ関数**（hash function）といい，得られた関数値を**ハッシュ値**（hash value）という。ハッシュ関数を用いることで，データを大きな集合から小さな集合に変換する。このため，リストの大きさをダイレクトアクセスで用いるリストよりも小さくすることができる。また，さまざまなデータに対してハッシュ値がインデックスに対応するようなハッシュ関数を用いることで，使用可能なデータの制限を取り除くことが可能となる。ハッシュ関数のハッシュ値で探索を行う方法を**ハッシュ法**（hash search）[†1]という。

例として，整数データを任意の整数で除した際の余り（剰余）をハッシュ値とするハッシュ関数を考える。データは 0 から $10^5 - 1$ までの任意の数値として，ハッシュ値はデータを 20 で除した際の余り（剰余）とする。このときデータを value，データに対応したハッシュ値を key とすると以下の**表 6.1** のようになる。表 6.1 のように 20 の剰余をハッシュ関数とすればハッシュ値は 0 から 19 の 20 種類であるので，ダイレクトアクセスよりもリスト長は短くて済む。ハッシュ関数を使用すればハッシュ値の種類数がリスト長となる。データ数が少ない場合[†2]にはダイレクトアクセス法が用いられる。データ数が大きい場合やデータが文字列であるような場合には以下のようなハッシュ関数が提案・利用されている。

表 **6.1**　20 の剰余をハッシュ関数としたときのハッシュ値

val = 93467	$\Rightarrow$	key = 7	val = 90718	$\Rightarrow$	key = 18
val = 78736	$\Rightarrow$	key = 16	val = 7173	$\Rightarrow$	key = 13
val = 29604	$\Rightarrow$	key = 4	val = 14408	$\Rightarrow$	key = 8

- **MD5**（message digest algorithm 5）
  128 bit ハッシュ値（安全性が低い）

- **SHA**（secure hash algorithm）

  - SHA-1 160 bit ハッシュ値

  - SHA-2：SHA-384 / SHA-512（64 bit CPU 向け）

  - SHA-3

ハッシュ関数によるハッシュ値を使用することでリスト長を抑制し，時間計算量 $O(1)$ で検索を行うことが可能であるが，問題点もある。それはハッシュ関数の構成によっては異なるデー

[†1]　ダイレクトアクセスもハッシュ法の一種と分類できる。
[†2]　使用するコンピュータの搭載メモリ量に依存するが，おおむね 2^{30} 以下程度の場合である。

タに対して同一のハッシュ値が与えられる可能性である。このような異なるデータに対して同一のハッシュ値が与えられることを**衝突**（collision）もしくは**シノニム**（synonym）という。データの総数に対してハッシュ値数が大きければ，衝突が発生しないようにハッシュ関数を構成することができるが，データ総数がハッシュ値数よりも大きい場合は衝突が発生する。衝突が発生した場合の対処法には

- **チェイン法**（chaining）
  同じハッシュ値のデータを線形リストでつなぐ方法

- **オープンアドレス法**（open addressing）
  衝突が発生した際に，ある手順に従い空いているハッシュ値にデータを格納する（再ハッシュ）

- **二重ハッシュ法**（double hashing）
  2 種類のハッシュ関数を用いる

- **カッコウハッシュ法**（cuckoo hashing）
  2 種類のハッシュ関数と 2 種類のテーブルを用いる

などの方法が提案されている。

6.4 辞　　　　　書

　Python には**辞書型**（dictionary）と呼ばれるオブジェクトがある。リストでは各要素はインデックスで区別したが，辞書では**キー**（key）で各要素を区別する。

6.4.1 辞 書 の 生 成
　辞書はつぎのようにキーと値を「:」で一組にし，全体を「{ }」で囲むことで生成できる。

　　　オブジェクト名 = { key1 : val1 , key2 : val2 , ... }

例えばつぎのように生成する。

　　　dictionary = { 'January':1, 'February':2, ... , 'December':12}

中身が空の辞書は以下のように生成する。

　　　dictionary = {}

　辞書型オブジェクト dictionary の各要素はキーを使ってアクセスできる。

　　　オブジェクト名 [キー]

例えば

```
print( dictionary[ 'January' ] )
```

とすれば 1 が表示される。なお辞書型オブジェクト内にキーが存在しない場合はエラーとなる。

6.4.2　辞 書 の 情 報

辞書型オブジェクトに含まれるキーの数，キーのリスト，値のリストはそれぞれ以下で得られる。

- キー（項目）の数

  ```
  len( dictionary )
  ```

- キーのリスト

  ```
  dictionary.keys()
  ```

- 値のリスト

  ```
  dictionary.values()
  ```

6.4.3　in 演　算　子

辞書型オブジェクトに指定した値が含まれるかどうかは，in 演算子[†]で以下のように記述することで確認できる。

　　　　指定した値 in オブジェクト名

オブジェクトに指定した値が含まれるのであれば True，含まれない場合は False となる。

またこれの否定として not in 演算子もある。

　　　　指定した値 not in オブジェクト名

オブジェクトに指定した値が含まれなければ True，含まれる場合は False となる。

in 演算子，not in 演算子は辞書型オブジェクトだけではなく，リスト型オブジェクトでも使用可能である。ただし，辞書型オブジェクトでは $O(1)$ の時間計算量で値が含まれているかを確認できるが，リスト型オブジェクトでは $O(N)$ の時間計算量が必要となることに注意する。

6.4.4　辞書の要素の置換・追加

辞書の各要素はキーを指定することで対応する値を置換することができる。置換したい要素を「代入演算子=」の左側に記述し，右側に置換する値を記述する。ただしキーが存在しない場合は新しい要素として辞書に追加される。

[†]　for 文にも in は用いられるが，in 演算子とは異なる。

　　オブジェクト名 [キー] = 値

下記のような辞書型オブジェクト dictionary があるとする。

```
dictionary = { 'January':1, 'February':2, 'March':3, 'April':4,
        'May':5, 'June':6, 'July':7, 'August':8, 'September':9,
        'October':10, 'November':11, 'December':12 }
```

このとき

```
dictionary['February'] = '如月'
```

とするとキー 'February' の値が '如月' に置換される。

```
dictionary = { 'January':1, 'February':'如月', 'March':3, 'April':4,
        'May':5, 'June':6, 'July':7, 'August':8, 'September':9,
        'October':10, 'November':11, 'December':12 }
```

また

```
dictionary['Undecimber'] = 13
```

のようにこれまで dictionary に含まれないキー 'Undecimber' を用いると，これは新たな要素として下記のように dictionary に追加される。

```
dictionary = { 'January':1, 'February':'如月', 'March':3, 'April':4,
        'May':5, 'June':6, 'July':7, 'August':8, 'September':9,
        'October':10, 'November':11, 'December':12,'Undecimber':13 }
```

6.4.5　辞書の要素の削除
辞書の各要素はキーを指定することで要素を削除することができる。

```
del オブジェクト名 [ キー ]
```

と記述するとキーに対応した要素が削除される。

```
オブジェクト名.pop( キー )
```

と記述するとキーに対応した要素が削除され，その値を返す。

6.5　辞書を用いた検索

検索対象のデータが辞書型オブジェクトに値とハッシュ関数のハッシュ値をキーとして格納

されているとする。以下の**プログラム 6.5** では，ハッシュ関数が値を 20 で除算した際の剰余を与える関数とし，データのリスト data を，内包表記を使用して辞書型オブジェクト dict に変換している。

プログラム 6.5 の実行結果を**実行結果 6.1** に示す。

```
――――――― プログラム 6.5 (辞書を用いたハッシュ検索) ―――――――
1   def hash( val ):
2       return val % 20
3
4   def search( List, target ):
5       key = hash( target )
6       if key not in List:
7           return False
8       else:
9           return List[key]==target
10
11  data  = [ 7173, 14408, 29604, 78736, 90718, 93467 ]
12  dict = { hash( val ): val for val in data }
13
14  print('78736 はリストに含まれている:', search( dict, 78736 ) )
15  print('89377 はリストに含まれている:', search( dict, 89377 ) )
```

```
――――――― 実行結果 6.1 ―――――――
78736 はリストに含まれている: True
89377 はリストに含まれている: False
```

関数 search は辞書にキーが存在しなければ False が，キーが存在しその要素が target であれば True が返り値となる。関数 search はキーで検索するためハッシュ検索であり，時間計算量 $O(1)$ で検索をすることができる。

プログラム 6.5 では異なるデータが同一のキーになる衝突が発生した場合に対処できない。**プログラム 6.6** は衝突に対応するため，辞書の各キーに対応した値を空リストとして生成している。値 val は乱数で 0 以上 10 000 以下の値を生成し[†]，この値に対応したハッシュ値をハッシュ関数 hash(val) で求め，値を辞書の要素のリストに append で追加している。プログラム 6.6 は各キーに対応した値がどのように格納されたかが表示される。

```
――――――― プログラム 6.6 (辞書を用いた衝突に対応したプログラム) ―――――――
1   import random  # 乱数を使用するため
2   random.seed( 1 )
3
4   key_num = 20   # キーの総数
5   data_num = 30  # データの総数
6
7   def hash( val ):
8       return val % key_num
```

[†] random.seed(1) で毎回同じ乱数が生成される。random で生成される乱数は擬似乱数であり，seed で乱数の種を設定できる。この数値が同じであれば，乱数は同じ順序で生成される。

```
 9
10   def search( List, target ):
11       return target in List[hash(target)]
12
13   dict = { key:[] for key in range( key_num ) }
14   for k in range( data_num ):
15       val = random.randint(0, 10**5) # データ値を乱数で設定 (0 から 10000 以下)
16       dict[hash(val)].append( val )   # ハッシュ値のデータをリストに格納
17
18   for n in range( key_num ):
19       print( n, ":", dict[n] )   # 各キー値に対応したデータを表示
20
21   print('99740 はリストに含まれている:', search( dict, 99740 ) )
22   print('89377 はリストに含まれている:', search( dict, 89377 ) )
23   print('94573 はリストに含まれている:', search( dict, 99740 ) )
```

　実行結果 6.2 に示すように，この場合にはハッシュ値が 1，7，10，14 のデータは存在しない。ハッシュ値が 0，2，8，9，12 はそれぞれ唯一のデータであるが，その他はすべて衝突している。衝突している場合には各キーに対してデータがリストとなって格納される。

──── **実行結果 6.2** ────

```
 0 : [99740]
 1 : []
 2 : [12302]
 3 : [56723, 77483]
 4 : [63944, 91204, 29984]
 5 : [85405, 2925]
 6 : [74606, 41606]
 7 : []
 8 : [34908]
 9 : [4009]
10 : []
11 : [17611, 8271]
12 : [33432]
13 : [51093, 99913, 94573]
14 : []
15 : [15455, 58915, 3715]
16 : [49756, 276]
17 : [64937, 58377]
18 : [61898, 79618]
19 : [27519, 13399]
99740 はリストに含まれている: True
89377 はリストに含まれている: False
94573 はリストに含まれている: True
```

　関数 search は辞書でキーに対応したリスト内を検索し，存在すれば True が，存在しなければ False が返り値となる。各キーに対応した値はリストに対して in 演算子で存在を調べているため，この部分の検索は線形検索である。しかし，各キーに対するリストの長さが長くなければ時間計算量はほとんど増加しない。

章 末 問 題

【**1**】 値そのものをハッシュ値とした辞書の中にデータが存在する場合は True，存在しない場合は False を返す関数 hashing_search を実装し，図 **6.3** に示すプログラムを適切に完成させよ。 関数 hashing_search の実行時間と線形検索，二分検索の実行時間とを比較，検討せよ。

```
# -*-coding: utf-8 -*-
import random
import time

def hashing_search( dict, target ):

        関数 target_search
        引数 … 値が key となった辞書 dict，検索する数値 target
        戻り値 … dict に target が含まれる場合，True
                dict に target が含まれない場合，False


num = int(1e7)
n = random.sample( range(2*num), num )
x = { k:k for k in n }
target = random.randint( 0, 2*num-1 )

start = time.perf_counter()

print( 'The dictionary x contains ', target, ':', hashing_search( x, target ) )

elapsed_time= time.perf_counter() - start
print( elapsed_time, 'sec' )
```

図 **6.3** ハッシュ法による検索の実行時間の測定

【**2**】 前問では値そのものをハッシュ値としたが，適当な数値の剰余をハッシュ関数としてデータを辞書に 格納し，データが存在する場合には True，存在しない場合は False を返す関数 hashing_search2 を実装し，前問の関数 hashing_search と実行速度を比較せよ。

7 | グラフとUnion-Findアルゴリズム

　ここまでデータを並べ替えるソートアルゴリズムや，データの中に目的のデータが含まれているかどうかを確認する検索アルゴリズムについて説明した。データは各データが相互に関係を有しており，その関係性を利用した処理が必要となる場合が多い。そのようなデータ間の関係を抽象的に表現するための方法の一つにグラフがある。グラフはノード（頂点）とノード間の結合を表すエッジ（枝）で構成される。

　またデータがたがいにオーバーラップせずに保持するような構造を素集合データ構造という。素集合データ構造を使うことでさまざまな実用的な分割問題を解くことができる。この素集合データ構造の操作には，二つの集合を一つの集合に統合するUnionという操作と，特定の要素がどの集合に属しているかを求めるFindという操作がある。

　本章ではまずこのようなグラフの基礎的事項を紹介し，素集合データ構造に対するUnionとFind操作を行うUnion-Findアルゴリズムを概説する。

7.1 グ ラ フ

　情報分野や離散数学の分野で**グラフ**（graph）とは図**7.1**のようないくつかの点とその中の二つの点をつなぐ線からなるもののことを指す。点のことを**頂点**（vertex）もしくは**接点**（node）と呼び，二つの点をつなぐ線のことを**辺**（edge）もしくは**枝**（branch）と呼ぶ。各枝の両端の頂点は**端点**（end vertex）という

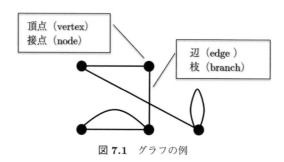

図**7.1**　グラフの例

　端点が同じ複数の辺を**多重辺**（multiple edge）と呼び，同一の端点の辺を**ループ**（loop）と呼ぶ。多重辺もループももたないグラフのことを**単純グラフ**（simple graph）という。単純グラフでないグラフと単純グラフの例を図**7.2**に示す。

　どの頂点とも接続していない頂点を**孤立点**（isolated vertex）と呼び，接続に方向がある辺

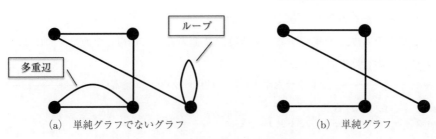

図 7.2　単純グラフでないグラフと単純グラフ

を**有向辺**（directed edge）という。有向辺を含むグラフを**有向グラフ**（directed graph）という。孤立点を含むグラフと有向グラフの例を図 **7.3** に示す。

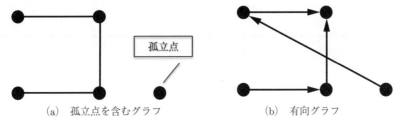

図 7.3　孤立点を含むグラフと有向グラフ

　グラフに含まれる任意の頂点から辺と頂点をたどって別の任意の頂点へたどり着ける経路が存在し，この経路に同じ頂点が含まれない場合，この経路のことを**道**（path）という。グラフに含まれるすべての任意の二つの頂点間に道が存在する場合，このグラフを**連結グラフ**（connected graph）といい，そうでないとき**非連結グラフ**（disconnected graph）という。連結グラフに含まれる辺のうち，取り除くと非連結グラフになってしまう辺を**橋**（bridge）という。

7.2　集　　　　　合

　Python には**集合型**（set）と呼ばれるオブジェクトがある。集合型はリスト型と同様に複数の値を格納することができるが，値を重複させることができず，各値に順序がない。また集合型オブジェクトからは各要素を取り出すことはできず，数学の「集合」の演算をすることができる。

7.2.1　集 合 の 生 成
　集合はつぎのように値を「{ }」で囲む，もしくはリストから set() を使用することで生成することができる。

　　　　オブジェクト名 = { 値 1, 値 2, ... }
　　　　オブジェクト名 = set([値 1, 値 2, ...])

集合の値は追加，削除をすることはできるが重複させることはできず，重複したものは一つ

にまとめられる。また集合の各値に順序はない。

　例えば**プログラム 7.1** を実行すると**実行結果 7.1** のように重複した値は一つにまとめられ，生成時の値の順序とは無関係となる。

```
────────── プログラム 7.1 (辞書を用いたハッシュ検索) ──────────
1  set1 = { 1, 0, 1, 3, 2 }
2  set2 = set( [ 2, 3, 1, 0, 1 ] )
3  print( set1 )
4  print( set2 )
```

```
────────── 実行結果 7.1 ──────────
{0, 1, 2, 3}
{0, 1, 2, 3}
```

　中身が空の集合（空集合）は以下のように生成する。

```
    set1 = set()
```

集合は辞書同様に値を「{ }」で囲む。このため，空の集合を生成するつもりで

```
    set1 = {}
```

と記述すると，空の集合ではなく空の辞書が生成されることに注意する。

7.2.2　in 演算子による集合の帰属性判定

　in 演算子および not in 演算子を使用することで，集合に特定の要素が含まれるかどうかの帰属性判定を行うことができる。

```
    要素 in オブジェクト名
```

集合に指定した値が含まれるのであれば True，含まれない場合は False となる。

```
    要素 not in オブジェクト名
```

集合に指定した値が含まれなければ True，含まれる場合は False となる。

　in 演算子，not in 演算子は集合型，辞書型，リスト型，タプル型で使用可能である。ただし，集合型，辞書型では $O(1)$ の時間計算量で帰属性判定が可能であるが，リスト型，タプル型では $O(N)$ の時間計算量が必要となることに注意する。

7.2.3　集合の要素の追加・削除

　集合の要素の追加は add() で行う。

```
    オブジェクト名.add( 値 )
```

追加された値がすでに集合に存在する場合は追加されない。

集合の要素の削除は `remove()` もしくは `discard()` で行う。

オブジェクト名`.remove(` 値 `)`

オブジェクト名`.discard(` 値 `)`

`remove` では対象とする集合内に削除対象の値が存在しない場合はエラーとなるのに対し，`discard` では削除対象が存在しない場合はエラーにはならず，何も削除されない。

集合内のすべての要素は `clear()` で削除され，集合は空集合となる。

オブジェクト名`.clear()`

7.2.4 集 合 演 算

集合に対しては，図 **7.4** に示すような和・積・差・対称差の集合演算を行える。

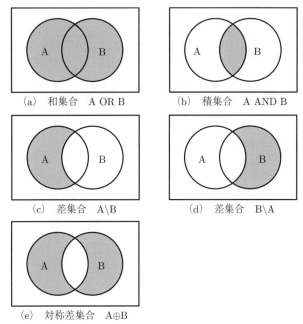

(a) 和集合 A OR B (b) 積集合 A AND B

(c) 差集合 A\B (d) 差集合 B\A

(e) 対称差集合 A⊕B

図 **7.4** 集合演算

（1） 和 集 合 集合 set0 と集合 set1 の**和集合**（union）を set2 とすると|もしくは union() で求められる。

`set2 = set0 | set1`

`set2 = set0.union( set1 )`

また，以下のように記述すると集合 set0 を集合 set0 と集合 set1 の和集合で更新できる。

`set0 |= set1`

`set0.union_update( set1 )`

（**2**）**積　集　合**　　集合 set0 と集合 set1 の**積集合**（intersection）を set2 とすると & もしくは intersection() で求められる。

```
set2 = set0 & set1
set2 = set0.intersection( set1 )
```

また，以下のように記述すると集合 set0 を集合 set0 と集合 set1 の積集合で更新できる。

```
set0 &= set1
set0.intersection_update( set1 )
```

（**3**）**差　集　合**　　集合 set0 と集合 set1 の**差集合**（set difference）を set2 とすると - もしくは difference() で求められる。なお，差集合演算は set0 - set1 と set1 - set0 のように演算順序によって結果が異なることに注意する。

```
set2 = set0 - set1
set2 = set0.difference( set1 )
```

また，以下のように記述すると集合 set0 を集合 set0 と集合 set1 の差集合で更新できる。

```
set0 -= set1
set0.difference_update( set1 )
```

（**4**）**対称差集合**　　集合 set0 と集合 set1 の**対称差集合**（symmetric difference）を set2 とすると ^ もしくは symmetric_difference() で求められる。

```
set2 = set0 ^ set1
set2 = set0.symmetric_difference( set1 )
```

また，以下のように記述すると集合 set0 を集合 set0 と集合 set1 の対称差集合で更新できる。

```
set0 ^= set1
set0.symmetric_difference_update( set1 )
```

7.3　Union-Find アルゴリズム

　データを複数の集合に分割した際に，複数の集合から任意に取り出した 2 個集合の積集合がすべて空集合で，かつすべての集合の和集合が全体集合となるようなデータ構造を**素集合データ構造**（disjoint-set data structure）という。このような素集合データ構造に対しては以下の二つの操作が必要で，これらの操作を Union-Find アルゴリズムという。

- Union

  二つの集合を一つの集合に統合する。

- Find

  特定の要素がどの集合に属しているかを求める。二つの要素が同じ集合に属しているかの判定にも使われる。

例として 0 から 4 までの 5 個の整数が要素である素集合データ構造を考える。まず，各要素が以下のようにそれぞれ 5 個の集合に属しているとし，これらの集合が要素であるようなリスト sets を考える。

```
sets = [{0}, {1}, {2}, {3}, {4}]
```

7.3.1 Find 操作

プログラム **7.2** の関数 Find は，目的の要素 target が素集合データの集合リスト sets の何番目の要素の集合に含まれているかを返り値とする。プログラム 7.2 の実行結果を**実行結果 7.2** に示す。

─── プログラム **7.2** (Find 操作) ───

```
1   def Find( sets, target ):
2     for k in range( len(sets) ):
3       if target in sets[k]:
4         return k
5
6   sets = [{0}, {1}, {2}, {3}, {4}]
7   print( '4 は', Find( sets, 4 ), '番目の集合に存在' )
8   sets = [{0}, {1, 4}, {2}, {3}]
9   print( '4 は', Find( sets, 4 ), '番目の集合に存在' )
```

─── 実行結果 **7.2** ───

```
4 は 4 番目の集合に存在
4 は 1 番目の集合に存在
```

実行結果 7.2 から，最初の集合リスト sets では要素 4 は 4 番目の集合に存在しているが，2 番目の集合リストでは要素 4 は 1 番目の集合に存在していることがわかる。

7.3.2 Union 操作

プログラム **7.3** の関数 Union は，2 個の目的の要素 target0 と要素 target1 がそれぞれ素集合データの集合リスト sets の何番目の集合に含まれているかを set0，set1 に代入し，二つの集合が異なる場合には集合リスト sets の小さい順の集合に統合し，その結果の集合リストを返り値とする。プログラム 7.3 の実行結果を**実行結果 7.3** に示す。

―――――――― プログラム **7.3** (Union 操作) ――――――――

```
 1  def Union( sets, target0, target1 ):
 2      set0 = Find( sets, target0 )
 3      set1 = Find( sets, target1 )
 4      if set0 < set1:
 5          sets[set0].update( sets.pop( set1 ) )
 6      elif set0 > set1:
 7          sets[set1].update( sets.pop( set0 ) )
 8      return sets
 9
10  sets = [{0}, {1}, {2}, {3}, {4}]
11  print( sets )
12  sets = Union( sets, 1, 4 )
13  print( sets )
14  sets = Union( sets, 3, 4 )
15  print( sets )
```

――――――――――― 実行結果 **7.3** ―――――――――――

```
[{0}, {1}, {2}, {3}, {4}]
[{0}, {1, 4}, {2}, {3}]
[{0}, {1, 3, 4}, {2}]
```

　実行結果 7.3 から，最初の集合リスト **sets** ではすべての要素がそれぞれ集合となっているが，関数 **Union** で要素 1 と 4 が含まれる集合を統合し，つぎに要素 3 と 4 が含まれる集合を統合していることがわかる。

7.4　橋　の　検　出

　グラフに含まれる橋を検出するアルゴリズムを考える。橋を検出するアルゴリズムはいくつかあるが，ここでは Union-Find アルゴリズムで考える。

　任意のグラフの辺は各辺の端点 2 個がタプルで表現されたタプル **edges**[†]で表現されているとする。例えば図 **7.5** に示すようなグラフの辺はつぎのようなタプル **edges** で表現する。

　　edges = ((0, 2), (1, 6), (2, 3), (3, 4), (3, 5), (4, 5), (5, 6))

このとき任意の辺が橋であるかは Union-Find アルゴリズムを利用して確認できる。

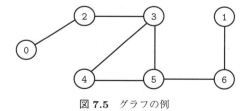

図 **7.5**　グラフの例

――――――――――――
[†]　タプルは要素の追加・削除・変更ができない。グラフの構造は変化しないためタプルで表現している。

1. すべての頂点をそれぞれ集合とする。

2. 確認対象の以外の辺を n 番目の辺とする。

3. n 番目の辺の両端の頂点が属する集合を求める（Find）。

4. 3. で求めた集合が異なる場合，一つの集合に統合する（Union）。

5. n が確認対象以外のすべての辺のチェックが終わっていなければ 2. に戻る。

6. 集合の数が二つ以上であれば確認対象の辺は「橋」である。

以下の**プログラム 7.4** は図 7.5 のグラフの辺 (2，3) が橋であるかどうかを Union-Find アルゴリズムを用いて確認するプログラムである。このプログラムの実行結果を**実行結果 7.4** に示す。

―― プログラム 7.4 (橋の検出) ――

```
1   vertex = 7
2   check = (2,3)
3
4   def Find( sets, target ):
5      for k in range( len(sets) ):
6         if target in sets[k]:
7            return k
8
9   def Union( sets, target0, target1 ):
10     set0 = Find( sets, target0 )
11     set1 = Find( sets, target1 )
12     if set0 < set1:
13        sets[set0].update( sets.pop( set1 ) )
14     elif set0 > set1:
15        sets[set1].update( sets.pop( set0 ) )
16     return sets
17
18  edges = ( (0, 2), (1, 6), (2, 3), (3, 4), (3, 5), (4, 5), (5, 6) )
19  sets = [{k} for k in range( vertex ) ]
20
21  for edge in edges:
22     if edge!=check:
23        end0 = Find( sets, edge[0] )
24        end1 = Find( sets, edge[1] )
25        if end0 != end1:
26           sets = Union( sets, edge[0], edge[1] )
27
28  if len(sets)!=1:
29     print('Edge', check, 'is Bridge.')
30  else:
31     print('Edge', check, 'is not Bridge.')
```

―― 実行結果 7.4 ――

```
Edge (2, 3) is Bridge.
```

vertex は頂点の総数，check に確認対象の辺の端点をタプルで設定する。edges は図 7.5 の
グラフの各辺の端点をまとめたタプルである。

```
for edge in edges:
```

で各辺の端点をまとめたタプル edges から辺のタプルを一つずつ edge に代入する。このとき
端点は edge[0] と edge[1] で取り出せる。端点がどの集合に含まれているかを関数 Find で
確認し，二つの端点が異なる集合に属している場合は関数 Union で統合する。確認対象の辺以
外のすべての辺を確認し，最終的に集合が一つであればこのグラフは辺 (2，3) を取り除いて
も連結なグラフである，すなわち辺 (2，3) は橋ではない。集合が二つ以上であればこのグラ
フは辺 (2，3) を取り除くことで非連結なグラフであるため，辺 (2，3) は橋である。

章 末 問 題

【1】 図 7.6 に示すプログラムで N 個の頂点と M 本の辺からなる単純連結グラフ（自己ループと多重
辺が存在せず，N 個の頂点すべてがつながっているグラフ）が生成される。各辺は edges リス
トに端点がタプルで格納されている。例えば edges は以下のような内容である。

edges = [(0, 1), (0, 2), (2, 3), (0, 4), (2, 5), (0, 6), (3, 7), ···]

```
# -*-coding: utf-8 -*-
import random

random.seed(1)
N = 1000    # 頂点数
M = 1400    # 辺数
edges=[(0,1)]
edge_num={1:(0,1)}

for k in range(2,N):
    edges.append((random.randint(0,k-1),k))
    edge_num[edges[-1][0]*N+edges[-1][1]]=edges[-1]

m=N
while m<M:
    edge1 =random.randint( 0, N-2 )
    edge2 =random.randint( edge1+1, N-1)
    if edge1*N+edge2 not inedge_num:
        edges.append( (edge1, edge2 ) )
        edge_num[edge1*N+edge2] = (edge1, edge2 )
        m += 1
```

図 7.6 N 頂点，M 辺の単純連結グラフの生成

このグラフから 1 本の辺を取り除いたとき，グラフが非連結になる辺のことを橋という。
N=1000，M=1400 で生成された edges を用いて与えられた単純連結グラフに何本の橋が含まれ
るかを Union-find アルゴリズムで求めよ。

8 | 最小全域木

グラフにおいて各頂点間の接続関係だけでなく，その頂点間の重みを考慮したグラフを重み付きグラフという。重み付きグラフは電車の駅間距離や走行費用，通信における各拠点間の距離や通信路敷設費用などさまざまな問題をモデル化する際に用いられる。ここでは重み付きグラフの中で自己ループと多重辺が存在せず，頂点すべてがつながり，各辺に重みが設定されている単純連結重み付きグラフを考える。このような単純連結重み付きグラフから連結のままで閉路が存在しなくなるように辺を取り除き木にする。このような木を全域木という。全域木に含まれる辺の重みの合計が最小となる全域木を最小全域木という。本章では最小全域木を求めるアルゴリズムである「クラスカル法」と「プリム法」を取り上げる。

8.1 全　域　木

頂点と辺が交互に並び，最初と最後が頂点である列を**歩道**（walk）という。ある頂点から同じ辺を通らずに出発した頂点に戻れる歩道を**閉路**（circuit もしくは cycle）という。図 **8.1** に示すように閉路を有さない連結グラフは**木**（tree）と呼ばれ，閉路を有さない非連結グラフは**林**（forest）と呼ばれる。

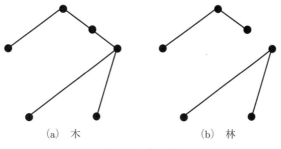

(a)　木　　　　　　(b)　林

図 **8.1**　木と林

連結グラフから辺を取り除いたときに得られる木を**全域木**（spanning tree）という。ここまでの説明では，辺は頂点間の接続関係のみを表していたが，各辺にコストなどを意味する重みがあるとする。図 **8.2** に示すような辺に重みをもったグラフは**重み付きグラフ**（weighted graph）と呼ばれる。重み付きグラフで構成する辺の重みの総和が最小となる全域木を**最小全域木**（minimum spanning tree）といい，最小全域木を求めることを**最小全域木問題**（minimum spanning tree problem）という。図 **8.3** に図 8.2 の重み付きグラフの全域木と最小全域木の例

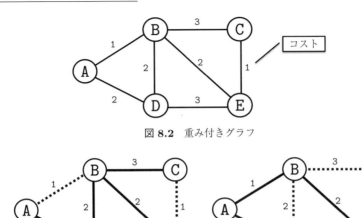

図 **8.2** 重み付きグラフ

(a) 全域木   (b) 最小全域木

図 **8.3** 全域木と最小全域木

を示す。最小全域木問題は，総コストが最小となる送電線や通信路などを設計するために重要な問題である。

8.2 クラスカル法

連結重み付きグラフの最小全域木を求めるためのアルゴリズムに**クラスカル法**（Kruskal's algorithm)[2] がある。クラスカル法では以下の手順で最小全域木を求める。

1. 辺をコスト順にソートする。

2. コストの低い辺から採用する。

3. 閉路ができてしまう場合は不採用とする。

4. 全域木となるまで 2. と 3. を繰り返す。

クラスカル法で最小全域木を求める例を**図 8.4** に示す。

クラスカル法を Python で実装するために各頂点が接続しているかどうかを**隣接行列**（adjacency matrix）で表す。隣接行列は単純グラフに対して i 行 j 列目の要素が 1 であるとき頂点 i と頂点 j が接続，i 行 j 列目の要素が 0 であるとき頂点 i と頂点 j が接続していないことを表す。例えば**図 8.5** のように単純グラフの接続状態を隣接行列で表すことができる。

重み付きグラフの各辺はつぎのようなタプルで表す。

（ コスト，端点 0，端点 1 ）

重み付きグラフ全体の辺はリストで保存する。例えば図 8.2 のグラフは頂点 A，B，C，D，E をそれぞれ 0，1，2，3，4 とすると，つぎのように表現する。

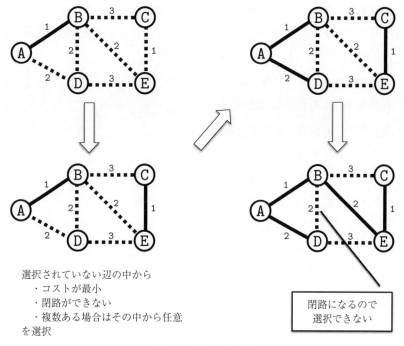

選択されていない辺の中から
　・コストが最小
　・閉路ができない
　・複数ある場合はその中から任意
を選択

閉路になるので
選択できない

図 **8.4**　クラスカル法

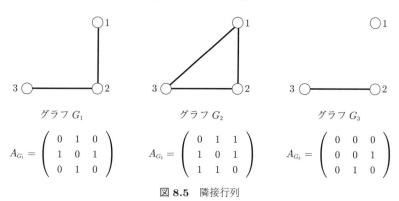

図 **8.5**　隣接行列

```
edges = [ (1, 0, 1 ), (2, 0, 3 ), (2, 1, 3 ), (3, 1, 2 ), (2, 1, 4 ),
         (3, 3, 4 ), (1, 2, 4 ) ]
```

リストの要素はメソッド sort() で並べ替えられる。リストの要素がタプルである場合, sort()
は各タプルの先頭要素の昇順で並べ替えられる。したがって手順1の「辺をコスト順にソート」は

```
edges.sort()
```

で実現できる。

　コストの低い辺から閉路ができないように採用するため, 各頂点を要素とする集合を考える。
採用された辺の端点を同じ集合に統合する。このようにすれば, 採用できるか確認する辺の端

点がすでに同じ集合に属していた場合には，その辺で閉路ができることを意味する。そこで以下のような手順で辺を採用できるか確認し，採用できる場合には隣接行列を更新する。

1. コストが k 番目に低い辺の端点が属する集合を確認。

   (a) 端点がどちらも同じ集合に属している場合

     閉路ができるため採用しない。

   (b) 端点が異なる集合に属している場合

     ・それぞれの集合を統合する。

     ・隣接行列の接続関係を更新する。

2. すべての辺を確認していなければ k を更新し，1. へ戻る。

以上を実装すると**プログラム 8.1** のようになる。なおプログラム 8.1 では 7 章のプログラム 7.2 の関数 Find，プログラム 7.3 の関数 Union を用いている。

——— プログラム **8.1** (クラスカル法による最小全域木の探索) ———

```
1  # -*- coding: utf-8 -*-
2  vertex = 5
3  edges = [(1, 0, 1),(2, 0, 3),(2, 1, 3),(3, 1, 2),(2, 1, 4),(3, 3, 4),(1, 2, 4)]
4  edges.sort()
5
6  adjacent = [[ 0 for k in range( vertex )] for k in range( vertex ) ]
7  sets = [{k} for k in range( vertex ) ]
8
9  for edge in edges:
10     set1 = Find( sets, edge[1] )
11     set2 = Find( sets, edge[2] )
12     if set1 != set2:
13         sets = Union( sets, edge[1], edge[2] )
14         adjacent[edge[1]][edge[2]] = adjacent[edge[2]][edge[1]] = 1
15
16 print( 'adjacency matrix=\n', adjacent )
17 for k in range( vertex-1 ):
18     for n in range( k+1, vertex ):
19         if adjacent[k][n] == 1:
20             print( k, '-', n )
```

プログラム 8.1 の実行結果は**実行結果 8.1** のようになる。これを図示すると図 8.3(b) である。

——— 実行結果 **8.1** ———

```
adjacency matrix=
[[0, 1, 0, 1, 0],
 [1, 0, 0, 0, 1],
 [0, 0, 0, 0, 1],
 [1, 0, 0, 0, 0],
 [0, 1, 1, 0, 0]]
0 - 1
0 - 3
1 - 4
2 - 4
```

8.3 プ リ ム 法

プリム法（Prim's algorithm）[3] は 1957 年に発見された最小全域木を求めるアルゴリズムである。プリム法では以下の手順で最小全域木を求める。

1. 任意の頂点を選択し，選択済み集合に加える。

2. 選択済み集合を端点とする最小コストの枝を採用する。

3. 選択された辺の端点を選択済み集合に加える。

4. 全域木となるまで 2. と 3. を繰り返す。

プリム法で最小全域木を求める例を図 **8.6** に示す。

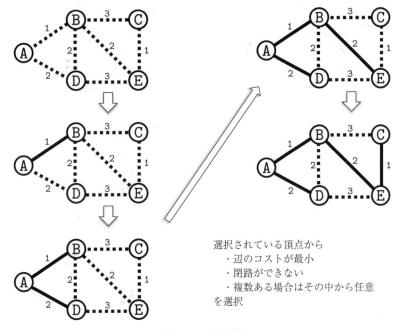

選択されている頂点から
　・辺のコストが最小
　・閉路ができない
　・複数ある場合はその中から任意
を選択

図 **8.6**　プリム法

プリム法では各頂点がすでに使用されているかどうかの情報が必要となる。そこで Python で実装するために未使用の頂点の集合を unused，使用済みの頂点の集合を used とする。頂点数が vertex に設定されているとして

```
unused = { k for k in vertex }
used = set()
```

とすることで，unused はすべての頂点が要素の集合，used は空集合が設定される。

使用済み集合の要素の頂点から未使用集合の要素の頂点との間のコストが必要であるので

```
cost = [[float('inf') for k in range(vertex)] for j in range(vertex)]
for edge in edges:
    cost[edge[1]][edge[2]] = cost[edge[2]][edge[1]] = edge[0]
```

でコスト行列を生成する。最小コストを求めるため，接続関係にない頂点間のコストは `float('inf')`†で無限大を設定する。例えば図 8.2 に対応したコスト行列 cost はつぎのようになる。

```
cost = [ [inf, 1, inf, 2, inf], [1, inf, 3, 2, 2], [inf, 3, inf, inf, 1],
         [2, 2, inf, inf, 3], [inf, 2, 1, 3, inf] ]
```

すでに使用された頂点と未使用の頂点との間で最もコストの低い辺を採用する。採用した辺で隣接行列を更新する。使用済み頂点と未使用頂点とを接続する辺を採用するため，閉路は発生しない。

1. コストの最小値 cost を無限大（`float('inf')`）に設定する。

2. 使用済み頂点集合から頂点を 1 個を選択し，i とする。

3. 未使用頂点集合から頂点を 1 個を選択し，j とする。

4. コスト行列の i 行 j 列目要素を取り出し，cost と比較する。
   cost のほうが大きければこれを更新し，このときの i および j を min_used および min_unused に記録する。

5. 未使用頂点集合の要素を確認し，終わっていなければ 3. に戻る。

6. 使用済み頂点集合の要素を確認し，終わっていなければ 2. に戻る。

7. 未使用頂点集合から min_unused を削除する。

8. 使用済み頂点集合に min_unused を追加する。

9. 未使用頂点集合が空集合でなければ 1. に戻る。

以上を実装するとプログラム **8.2** のようになる。

──────────── プログラム **8.2** (プリム法による最小全域木の探索) ────────────

```
1  # -*- coding: utf-8 -*-
2  vertex = 5
3  edges = [(1, 0, 1),(2, 0, 3),(2, 1, 3),(3, 1, 2),(2, 1, 4),(3, 3, 4),(1, 2, 4)]
4
5    adjacent = [[ 0 for k in range( vertex )] for k in range( vertex ) ]
6
7    cost = [[float('inf') for k in range(vertex)] for j in range(vertex)]
```

───────────────

†　`float('inf')` は正の無限大（$+\infty$）を意味する特殊な浮動小数点データを表す。

```
8     for edge in edges: # コスト行列の生成
9       cost[edge[1]][edge[2]] = cost[edge[2]][edge[1]] = edge[0]
10
11    unused = { k for k in range(vertex) }
12    used = set()
13
14    unused.discard(0) # 最初の頂点は 頂点 0
15    used.add(0)          # 頂点 0 を使用済み集合に追加
16    while unused:
17      min=float('inf')
18      for i in used:
19          for j in unused:
20            if cost[i][j]<min:
21                min = cost[i][j]
22                min_used = i
23                min_unused = j
24      unused.discard( min_unused )
25      used.add( min_unused )
26      adjacent[min_used][min_unused] = adjacent[min_unused][min_used] = 1
27
28  print( 'adjacency matrix=\n', adjacent )
29  for k in range( vertex-1 ):
30     for n in range( k+1, vertex ):
31        if adjacent[k][n] == 1:
32            print( k, '-', n )
```

プログラム 8.2 の実行結果は**実行結果 8.2** のようになる。これを図示すると図 8.3(b) である。

──── 実行結果 **8.2** ────

```
adjacency matrix=
[[0, 1, 0, 1, 0],
 [1, 0, 0, 0, 1],
 [0, 0, 0, 0, 1],
 [1, 0, 0, 0, 0],
 [0, 1, 1, 0, 0]]
0 - 1
0 - 3
1 - 4
2 - 4
```

章 末 問 題

【1】 図 **8.7** に示すプログラムで N 個の頂点と M 本の辺からなる単純連結重み付きグラフ（自己ルー
プと多重辺が存在せず，N 個の頂点すべてがつながり，各辺に重みが設定されているグラフ）が
生成される。各辺は edges リストに辺の重みと端点がタプルで格納されている。例えば edges
は以下のような内容である。

        edges = [(3, 1508, 6358), (9, 7878, 8277), (8, 6558, 9489), ・・・・・]

このグラフの最小全域木をクラスカル法とプリム法を用いて求め，違いを考察せよ。

```
# -*-coding: utf-8 -*-
import random

random.seed(1)
N = 10000        # 頂点数
M = N*(N-1)//20  # 辺数

edges=[(1,0,1)]
edge_num={1:(1,0,1)}
for k in range(2,N):
    edges.append( ( 1, random.randint(0,k-1), k ))
    edge_num[edges[-1][1]*N+edges[-1][2]]=edges[-1]

m=N
while m<M:
    edge1 = random.randint( 0, N-2 )
    edge2 = random.randint( edge1+1, N-1 )
    if edge1*N+edge2 not in edge_num:
        edges.append( ( random.randint( 1, 9 ), edge1, edge2 ) )
        edge_num[edge1*N+edge2] = edges[-1]
        m += 1
edges = edges[::-1]
```

図 **8.7** N 頂点，M 辺の単純連結重み付きグラフの生成

9

幅優先探索（BFS）と深さ優先探索（DFS）

データ間の関係を木として表すことができるデータ構造を木構造データという。このような木構造データのデータを探索するアルゴリズムとして，幅優先探索（BFS）と深さ優先探索（DFS）がある。これらのアルゴリズムは探索空間を系統的にすべてを探索するアルゴリズムであるが，実際にはすべてを探索する前に探索目的のデータを発見できる。このため，データの性質によって幅優先探索と深さ優先探索のどちらが探索に有効であるかが決まる。幅優先探索では探索対象をキュー構造と呼ばれるデータ構造で管理し，深さ優先探索では探索対象をスタック構造と呼ばれるデータ構造で管理する。

9.1　木構造データ

データ間の関係が**図 9.1** のような木構造で構成されているデータ構造を**木構造データ**（tree structure data）という。

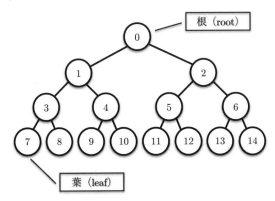

図 **9.1**　木構造データ

　木構造データをグラフで表すと木になるが，この木に対して特定の一つの頂点を**根**（root）ということがある。根をもつ木のことを**根付き木**（rooted tree）という。木ではつながっている辺の数が 1 の頂点を**葉**（leaf）という。葉である頂点は**終端頂点**（terminal vertex），それ以外の頂点を**非終端頂点**（nonterminal vertex）という。また各頂点が根からいくつの頂点を介してつながっているかを**深さ**（depth）という。例えば図 9.1 に示した根付き木では葉に相当する最下部の頂点は深さ 3 である。根付き木において接続関係のある頂点間で深さの小さい頂点を**親**（parent），大きい頂点を**子**（child）という。

このような木構造データでのデータの探索には，**図 9.2** に示すような 2 種類の方法がある。一種が図 9.2(a) に示すような根からの深さが等しい頂点を順に探索する**幅優先探索**（breadth first search：BFS）であり，もう一種は図 9.2(b) に示すような根から深さが深くなるように探索する**深さ優先探索**（depth first search：DFS）である。

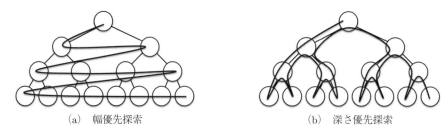

(a)　幅優先探索　　　　　　　　　　　　(b)　深さ優先探索

図 **9.2**　木構造データの探索

9.2　幅優先探索：BFS

9.2.1　幅優先探索のアルゴリズム

幅優先探索（BFS）は根から深さが等しい頂点を順に以下のように探索対象を探索する。

1. 根を選択する。

2. 選択した頂点に接続している頂点を候補リストに付加する。

3. 候補リストの先頭を取り出し，選択した頂点とする。

4. 候補リストが空になったら終了，空でなければ 2. に戻る。

9.2.2　キ ュ ー 構 造

　幅優先探索の手順で探索候補は順に候補リストに入力され，候補リストに入った順に取り出される。このような入った順に取り出されるシステムは**先入れ先出し法**（first in first out：FIFO）と呼ばれる。このようにデータを管理する方式に**キュー**（queue）がある。キュー構造は図 **9.3** に示すように最初に追加したものを最初に取り出せるようにする。キューを Python のリストで実現する場合には以下のようにする†。

```
リスト：queue = []
追加：queue.append( data )
取り出し：queue.pop( 0 )
```

---

†　pop(0) を使用して「取り出し」を実現しているが，pop(0) はリスト要素すべての移動が必要なため遅い。通常は高速にするため collections モジュールの deque を使う。

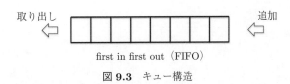

取り出し　　　　　　　　　　　　　　　　　　　追加

first in first out（FIFO）

図 **9.3**　キュー構造

9.2.3　幅優先探索の実装

キューを用いた幅優先探索は以下の手順で実装する。

1. 探索開始頂点を設定し，キューに保存する。
　探索開始頂点の depth（深さ）を 0 とする。

2. キューの先頭を取り出し，これに接続している未探索頂点をすべてキューに保存する。
　接続している未探索頂点がない場合はキューには追加しない。

3. 取り出した頂点の depth（深さ）に +1 を加算したものを，接続している頂点の depth（深さ）に設定する。

4. キューに頂点が残っていれば 2. に戻る。

木の各辺は端点をタプルとしたリストで与えられているとする。例えば図 9.1 の木の辺はつぎのようなリスト edges で表される。

$$edges = [(0,\ 1),\ (0,\ 2),\ (1,\ 3),\ (1,\ 4),\ (2,\ 5),\ (2,\ 6),\ (3,\ 7),\ (3,\ 8),$$
$$(4,\ 9),\ (4,\ 10),\ (5,\ 11),\ (5,\ 12),\ (6,\ 13),\ (6,\ 14)]$$

辺の情報から各頂点に接続している頂点を以下で辞書 node を作成する。辞書 node は各頂点をキーとし，対応した値はその頂点に接続する頂点をリストにする。

```
nodes = { k :[] for k in range( N ) }
for edge in edges:
    nodes[edge[0]].append( edge[1] )
    nodes[edge[1]].append( edge[0] )
```

例えば図 9.1 の木の各頂点の接続情報辞書 node は

```
nodes={
 0: [1, 2],
 1: [0, 3, 4],
 2: [0, 5, 6],
 3: [1, 7, 8],
 4: [1, 9, 10],
 5: [2, 11, 12],
```

```
 6: [2, 13, 14],

 7: [3],

 8: [3],

 9: [4],

 10: [4],

 11: [5],

 12: [5],

 13: [6],

 14: [6]

}
```

となる。

各頂点の depth（深さ）は頂点番号をキーとした辞書にする。初期値は探索開始頂点の値を 0 に，その他は無限大 $+\infty$ とするため float('inf') にする。

探索開始頂点をキューに入れたのち，キューの先頭の頂点に接続している頂点で探索済みでない頂点をキューに入れて，その頂点を未探索集合 visited に統合する。このようにすればキューの先頭が探索対象となる。実装例を**プログラム 9.1** に示す。

―――――― プログラム **9.1** (幅優先探索（BFS）) ――――――

```
 1  # -*- coding: utf-8 -*-
 2  N = 15
 3  edges = [(0, 1), (0, 2), (1, 3), (1, 4), (2, 5), (2, 6), (3, 7), (3, 8),
 4          (4, 9), (4, 10), (5, 11), (5, 12), (6, 13), (6, 14)]
 5  depth = { k:float('inf') for k in range( N ) }
 6
 7  nodes = { k :[] for k in range( N ) }
 8  for edge in edges:
 9      nodes[edge[0]].append( edge[1] )
10      nodes[edge[1]].append( edge[0] )
11
12  start=0
13  depth[start] = 0
14  visited ={start} # 探索済み頂点を集合で管理
15  queue = [start]
16
17  while queue:
18      print( queue )
19      for node in nodes[queue[0]]:
20          if node not in visited: :   # visited に含まれるか探索（集合であればハッシュ探索）
21              queue.append( node )
22              visited.add( node )
23              depth[node] = depth[queue[0]]+1
24      del queue[0]
```

　プログラム 9.1 を実行した際に，キュー（queue）が更新されるごとに queue の内容を表示させると**実行結果 9.1** のようになる。

```
──────────── 実行結果 9.1 ────────────
[0]
[1, 2]
[2, 3, 4]
[3, 4, 5, 6]
[4, 5, 6, 7, 8]
[5, 6, 7, 8, 9, 10]
[6, 7, 8, 9, 10, 11, 12]
[7, 8, 9, 10, 11, 12, 13, 14]
[8, 9, 10, 11, 12, 13, 14]
[9, 10, 11, 12, 13, 14]
[10, 11, 12, 13, 14]
[11, 12, 13, 14]
[12, 13, 14]
[13, 14]
[14]
```

　実行結果 9.1 の各行の先頭が探索対象であり，これは図 9.2(a) に示した順序で探索が行われていることを確認できる。

9.3　深さ優先探索：DFS

9.3.1　深さ優先探索のアルゴリズム

　深さ優先探索（DFS）は根から接続関係のある頂点を探索対象を探索し，葉に到達したら最も近い未探索頂点を探索する。深さが深くなる方向に探索を続け，終端頂点に到達した場合は未探索頂点へ戻って探索を行う。このため**バックトラック法**（backtrack）とも呼ばれる。以下の手順で探索する。

1. 根を選択する。

2. 候補リストの末尾の頂点に接続している未探索頂点の一つを候補リスト末尾に付加する。

3. 未探索頂点が存在しない場合は候補リスト末尾を削除する。

4. 候補リストが空になったら終了，空でなければ 2. に戻る。

9.3.2　スタック構造

　深さ優先探索の手順では探索候補は順に候補リストに入力され，最後に候補リストに入ったものから取り出される。このような最後に入ったものから順に取り出されるシステムは**後入れ先出し**（last in first out：LIFO）と呼ばれる。このようにデータを管理する方式に**スタック**（stack）がある。スタック構造は**図 9.4** に示すように最後に追加したものを最初に取り出せる

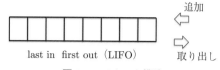

last in first out（LIFO）   追加／取り出し

図 **9.4** スタック構造

ようにする。スタックを Python のリストで実現する場合には以下のようにする†。

　　　リスト：`stack = []`

　　　追加：`stack.append( data )`

　　　取り出し：`stack.pop()`

9.3.3 深さ優先探索の実装

スタックを用いた深さ優先探索は以下の手順で実装する。

1. 探索開始頂点を設定し，スタックに保存する。
   探索開始頂点の `depth`（深さ）を 0 とする。

2. スタックの末尾を取り出し，これに接続している未探索頂点が場合は，その頂点の `depth`（深さ）をスタックの長さにし，未探索頂点をスタックの末尾に保存する。

3. 接続している未探索頂点がない場合は末尾を削除する。

4. スタックに頂点が残っていれば 2. に戻る。

木の各辺は端点をタプルとしたリストで与えられているとする。探索開始頂点をスタックに入れたのち，スタックの末尾の頂点に接続している頂点で探索済みでない頂点をスタックに入れて，その頂点を未探索集合 `visited` に統合する。実装例を**プログラム 9.2** に示す。

──────── プログラム **9.2**（深さ優先探索（DFS））────────

```
 1  # -*- coding: utf-8 -*-
 2  N=15
 3  INF = float('inf')
 4  depth = { k:INF for k in range( N ) }
 5  edges = ((0, 1),(0, 2),(1, 3),(1, 4),(2, 5),(2, 6),(3, 7),(3, 8),(4, 9),
 6          (4, 10),(5, 11),(5, 12),(6, 13), (6, 14))
 7
 8    nodes = { k :[] for k in range( N ) }
 9  for edge in edges:
10      nodes[edge[0]].append( edge[1] )
11      nodes[edge[1]].append( edge[0] )
12
13  start=0
14  depth[start] = 0
15  visited ={start} # 探索済み頂点を集合で管理
16  stack = [start]
```

---

†　スタックの末尾を取り出す際は `stack.pop()` もしくは `stack.pop(-1)` とする。

```
17
18   while stack:
19      print( stack )
20      for node in nodes[stack[-1]]:
21         if node not in visited: # visited に含まれるか探索（集合であればハッシュ探索）
22            depth[node] = len( stack )
23            stack.append( node )
24            visited.add( node )
25            break
26      else:
27         del stack[-1]
```

　プログラム 9.2 を実行した際に，スタック stack が更新されるごとに stack の内容を表示させると実行結果 9.2 のようになる。

―――――― 実行結果 9.2 ――――――

```
[0]
[0, 1]
[0, 1, 3]
[0, 1, 3, 7]
[0, 1, 3]
[0, 1, 3, 8]
[0, 1, 3]
[0, 1]
[0, 1, 4]
[0, 1, 4, 9]
[0, 1, 4]
[0, 1, 4, 10]
[0, 1, 4]
[0, 1]
[0]
[0, 2]
[0, 2, 5]
[0, 2, 5, 11]
[0, 2, 5]
[0, 2, 5, 12]
[0, 2, 5]
[0, 2]
[0, 2, 6]
[0, 2, 6, 13]
[0, 2, 6]
[0, 2, 6, 14]
[0, 2, 6]
[0, 2]
[0]
```

9.3.4　繰り返しでの break 文

プログラム 9.2 では

```
for node in nodes[stack[-1]]:
```

でfor文によりスタックに保存されている各頂点に接続している頂点を繰り返しで取り出すが，その中で条件文ifの条件が満足した場合にbreakが実行される。for文，while文の繰り返し処理では図9.5に示すようにbreakで繰り返しを強制終了させることができる。for文ではイテラブルオブジェクトが順に変数に代入されるが，条件が満足するとbreakで繰り返しが終了する。while文では条件1が満足している間は繰り返し処理が行われるが，条件2が満足するとbreakで繰り返しが終了する。

```
for 変数 in イテラブルオブジェクト:
    if 条件:
        break
```

```
while 条件1:
    if 条件2:
        break
```

(a)　for文の場合   (b)　while文の場合

図 9.5　繰り返しでの break

このように繰り返しfor，whileに対して図9.6のようにelseを記述する[†]と，breakで繰り返しが強制終了されなかった場合の処理を記述することができる。

```
for 変数 in イテラブルオブジェクト:
    if 条件:
        break
else:
    (for文をbreakで終了しなかった場合の処理)
```

```
while 条件1:
    if 条件2:
        break
else:
    (while文をbreakで終了しなかった場合の処理)
```

(a)　for文の場合   (b)　while文の場合

図 9.6　繰り返しに対する else

したがって，プログラム9.2では現在のスタックの末尾の頂点に接続している頂点がすべて探索済み（visitedにすべて含まれている）の場合は

```
else:
    del stack[-1]
```

でスタックの末尾を削除している。

章 末 問 題

【1】　プログラム9.3に示すプログラムで縦N，横Mのサイズの迷路がクラスカル法を基に単純グラフとして生成される。生成された迷路はグラフとして各辺がリストmazeの要素として（端点1，端点2）でタプルで設定される。このグラフの任意のstartから任意のdestinationまでの経路を幅優先探索および深さ優先探索で求め，違いについて考察せよ。

[†]　インデンテーション（字下げ）に注意する。breakのためのifと同じにしてしまうと，このifに対するelse処理になる。必ずforもしくはwhileと位置を合わせる。

─── プログラム **9.3** (迷路生成プログラム) ───

```
1   import random
2
3   N=10
4   M=10
5   edges=[]
6
7   def Find( sets, target ):
8      for k in range( len(sets) ):
9         if target in sets[k]:
10           return k
11
12  def Union( sets, target0, target1 ):
13     set0 = Find( sets, target0 )
14     set1 = Find( sets, target1 )
15     if set0 < set1:
16        sets[set0].update( sets.pop( set1 ) )
17     elif set0 > set1:
18        sets[set1].update( sets.pop( set0 ) )
19     return sets
20
21  random.seed(1)
22  for n in range( N ):
23     for m in range( M ):
24        if m<M-1:
25           edges.append((random.randint(0,9), n*M+m, n*M+(m+1)))
26        if n<N-1:
27           edges.append((random.randint(0,9), n*M+m, (n+1)*M+m))
28  edges.sort()
29
30  maze=[]
31  sets = [{k} for k in range( N*M ) ]
32  for edge in edges:
33     set1 = Find( sets, edge[1] )
34     set2 = Find( sets, edge[2] )
35     if set1 != set2:
36        sets = Union( sets, edge[1], edge[2] )
37        maze.append(( edge[1], edge[2] ))
38  maze.sort()
39  for n in range( N ):
40     for m in range( M ):
41        if (n*N+m,n*N+(m+1)) in maze:
42           print( '{0:2d}-'.format(n*N+m), end='' )
43        else:
44           print( '{0:2d} '.format(n*N+m), end='' )
45     print(' ')
46     for m in range( M ):
47        if (n*N+m,(n+1)*N+m) in maze:
48           print( ' | ', end='' )
49        else:
50           print( '   ', end='' )
51     print(' ')
```

プログラム 9.3 を実行すると，**実行結果 9.3** のように N 行 M 列の迷路が表示される。

```
─────────── 実行結果 9.3 ───────────
 0- 1- 2- 3  4- 5- 6- 7  8- 9
 |          |             |
10-11-12-13-14-15-16-17-18 19
    |                |
20-21-22-23 24-25-26-27 28-29
    |  |     |  |        |
30 31 32 33 34 35-36 37-38 39
    |  |  |     |  |     |
40 41-42-43-44 45 46-47 48-49
    |        |     |  |  |
50 51-52-53-54-55 56 57-58 59
    |           |        |  |
60-61-62 63 64 65-66-67 68 69
          |  |  |        |  |
70 71-72 73-74 75-76-77 78-79
    |  |     |  |  |  |  |  |
80-81-82-83-84-85 86 87 88 89
    |  |     |           |  |
90-91 92 93 94-95-96-97-98 99
```

この迷路は単純連結グラフとして各辺はリスト **maze** の要素にタプルとして（端点 1，端点 2）で設定される。例えば，以下の迷路を考える。

```
maze =
[(0, 1), (1, 2), (1, 11), (2, 3), (4, 5), (4, 14), (5, 6), (6, 7), (8, 9),
 (9, 19), (10, 11), (11, 12), (12, 13), (12, 22), (13, 14), (14, 15),
 (15, 16), (16, 17), (17, 18), (19, 29), (20, 21), (20, 30), (21, 22),
 (22, 23), (22, 32), (24, 25), (24, 34), (25, 26), (25, 35), (26, 27),
 (28, 29), (28, 38), (31, 41), (32, 42), (33, 43), (35, 36), (35, 45),
 (36, 46), (37, 38), (38, 48), (39, 49), (40, 50), (41, 42), (42, 43),
 (43, 44), (43, 53), (46, 47), (46, 56), (47, 57), (48, 49), (48, 58),
 (50, 60), (51, 52), (52, 53), (53, 54), (54, 55), (55, 65), (57, 58),
 (58, 68), (59, 69), (60, 61), (61, 62), (62, 72), (63, 73), (64, 74),
 (65, 66), (65, 75), (66, 67), (68, 78), (69, 79), (70, 80), (71, 72),
 (71, 81), (73, 74), (73, 83), (75, 76), (75, 85), (76, 77), (76, 86),
 (77, 87), (78, 79), (78, 88), (79, 89), (80, 81), (81, 82), (81, 91),
 (82, 83), (82, 92), (83, 84), (83, 93), (84, 85), (85, 95), (88, 98),
 (89, 99), (90, 91), (94, 95), (95, 96), (96, 97), (97, 98)]
```

この迷路の場合，start を 0，destination を 99 にした場合は

　　0- 1-11-12-22-32-42-43-53-54-55-65-75-85-95-96-97-98-88-78-79-89-99

が求める迷路である。

10│最短経路問題

　鉄道などの経路案内，カーナビの経路探索，インターネットのネットワークプロトコルなどにおいて，頂点間の最短距離もしくは最小コスト経路を求めることは非常に重要である。このような問題は，単純連結重み付き有向グラフにおいて任意の2頂点間の経路上の重みの総和が最小となる経路を求める問題として一般化できる。重みを距離とすると最小コスト経路は最短経路となる。このような問題の解法アルゴリズムとして，本章ではベルマン・フォード法とダイクストラ法の二つを取り上げる。ベルマン・フォード法はグラフの辺に着目し，繰り返しで最短経路を探索するアルゴリズムである。一方，ダイクストラ法は頂点に着目し，開始頂点から接続関係にある頂点までの最短経路を順次探索するアルゴリズムである。ダイクストラ法は動的計画法に分類されるアルゴリズムである。

10.1　最　短　経　路

　単純連結重み付き有向グラフにおいて任意の2頂点間の経路上の重みの総和が最小となる経路を**最短経路**（shortest path）といい，最短経路を求めることを**最短経路問題**（shortest path problem）という。

　最短経路問題は以下の3種類に分類できる。

- **2頂点対最短経路問題**（single pair shortest path problem）
  特定の二つの頂点間の最短経路を求める問題。つぎの単一始点最短経路問題のアルゴリズムで解くことができる。

- **単一始点最短経路問題**（single source shortest path：SSSP）
  特定の一つの頂点から連結グラフの残りの全頂点との間の最短経路を求める問題。

- **全点対最短経路問題**（all pair shortest path：APSP）
  グラフ内のすべての2頂点の組合せの最短経路を求める問題。

最短経路問題は鉄道などの経路案内，カーナビの経路探索，インターネットのネットワークプロトコルなどさまざまなところで使用される。

　単一始点最短経路問題の解法には**ベルマン・フォード法**（Bellman-Ford algorithm），**ダイクストラ法**（Dijkstra's algorithm）などがある。

10.2 ベルマン・フォード法

10.2.1 ベルマン・フォード法のアルゴリズム

ベルマン・フォード法は 1956 年に L. R. Ford Jr. が[4]，1958 年に R. Bellman が[5] 考案した重み付き有向グラフの単一始点最短経路問題の解法である。

ベルマン・フォード法はグラフの重み付き辺に注目し，出発頂点から各頂点までの経路上の総コストを求める。具体的には以下のような手順で最短経路を求める。

1. 辺を一つ選択する。

2. 選択した辺の重みで両端点のコストを計算する。

3. 計算した端点のコストが小さい場合，更新する。

4. すべての辺を選択していない場合，1. に戻る。

5. 頂点のコストが更新されていたら 1. に戻る。

6. 各頂点のコストが開始頂点からの最短コストとなる。

10.2.2 ベルマン・フォード法の探索の実例

図 10.1 にベルマン・フォード法による頂点 0 から頂点 5 への探索手順例を示す。図 (a) は初期状態であり，スタートである頂点 0 のコストを 0 にし，その他の頂点のコストは +∞ に設

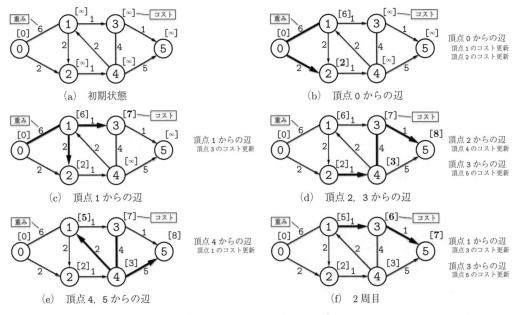

図 10.1 ベルマン・フォード法

定する。ベルマン・フォード法では注目する辺の順序はどのような順でもよい。ここでは頂点番号順に各頂点に接続する辺を順に着目するものとする。図 (b) では頂点 0 に接続した辺に着目し頂点 1 のコストが 6 に，頂点 2 のコストが 2 に更新される。図 (c) では頂点 1 に接続した辺に着目し頂点 3 のコストが 7 に更新される。図 (d) では頂点 2 に接続した辺を着目し頂点 4 のコストが 3 に，頂点 3 に接続した辺に着目し頂点 5 のコストが 8 に更新される。図 (d) では頂点 4 に接続した辺に着目し，頂点 1 のコストが 5 に更新，頂点 5 は対象となる辺がないため更新は行われない。以上，図 (b) から (d) でこのグラフに含まれる辺はすべて探索したので，確認の 2 周目を行う。図 (e) の 2 周目では頂点 3 のコストが 6 に，頂点 5 のコストが 7 に更新される。3 周目ではすべての頂点のコストは更新されないため，探索は終了となる。このとき，各頂点のコストはそれぞれ頂点 0 からの最小コストとなる。

10.2.3 ベルマン・フォード法の実装

ベルマン・フォード法を実装するため，**図 10.2** に示すような有向グラフの各辺のコストと端点を以下のようにタプルで表現する。

（ コスト，始点，終点 ）

図 10.2 有向グラフの辺

対象となる有向グラフ全体の辺をリスト edges で表現する。

edges =[(重み 1，始点 1，終点 1)，(重み 2，始点 2，終点 2)，・・・・・]

ベルマン・フォード法では開始頂点から各頂点までの総コストを記録する必要がある。各頂点の開始頂点からのコストと接続頂点をリスト vertex_cost で表現する。

vertex_cost =[[float('inf'), k] for k in range(vertex)]
vertex_cost[start] = [0, start]

初期値では各コストは float('inf') で無限大とし，どの頂点から接続しているかの初期値は自分自身の頂点番号としている。

例えば図 10.1(a) の有向グラフは以下のように表せる。

edges = [(6, 0, 1), (2, 0, 2), (6, 1, 0), (2, 1, 2), (1, 1, 3), (1, 2, 4),
          (4, 3, 4), (1, 3, 5), (2, 4, 1), (4, 4, 3), (5, 4, 5)]
vertex_cost = [[0, 0], [inf, 1], [inf, 2], [inf, 3], [inf, 4], [inf, 5]]

辺リスト edges から辺を一つずつ取り出す。

```
    for edge in edges:
```

このとき edge[0] は辺の重み，edge[1] は始点頂点，edge[2] は終点頂点を表す。辺の終点コストと始点コスト＋重みを比較し，始点コスト＋重みのほうが小さければ，終点コストと接続頂点を更新する。

```
    if vertex_cost[edge[2]][0] > vertex_cost[edge[1]][0] + edge[0]:
        vertex_cost[edge[2]] = [vertex_cost[edge[1]][0]+edge[0], edge[0]]
```

以上をすべての頂点に対して行い，すべての頂点で更新が行われなくなるまで続ける。更新が行われたどうかを確認するため変数 flag を用いる。繰り返しの初期値として flag = False として，更新が行われた際に flag = True とする。このようにすることですべての辺を確認する際に更新が行われたかどうかを確認できる。このような変数は**フラグ**（flag）と呼ばれる。

プログラム 10.1 は図 10.1(a) のグラフの最短経路をベルマン・フォード法で探索する。

―――― **プログラム 10.1** (ベルマン・フォード法) ――――

```
 1  # -*- coding: utf-8 -*-
 2  vertex = 6
 3  start = 0
 4  destination = 5
 5
 6  edges = [(6, 0, 1), (2, 0, 2), (6, 1, 0), (2, 1, 2), (1, 1, 3), (1, 2, 4),
 7           (4, 3, 4), (1, 3, 5), (2, 4, 1),(4, 4, 3), (5, 4, 5)]
 8
 9  vertex_cost = [[float('inf'), k] for k in range( vertex )]
10  vertex_cost[start] = [0, start]
11
12  flag = True
13  while flag:
14      flag = False
15      for edge in edges:
16          if vertex_cost[edge[2]][0] > vertex_cost[edge[1]][0] + edge[0]:
17              vertex_cost[edge[2]] = [vertex_cost[edge[1]][0] + edge[0], edge[1]]
18              flag = True
19
20  pre = destination
21  route=[destination]
22  while pre!=start:
23      pre = vertex_cost[pre][1]
24      route.append( pre )
25  print( 'The shortest cost :', vertex_cost[destination][0] )
26  print( 'The shortest path :', route[::-1] )
```

プログラム 10.1 の実行結果は**実行結果 10.1** のようになる。これを図示すると**図 10.3** である。

―――― **実行結果 10.1** ――――

```
The shortest cost : 7
The shortest path : [0, 2, 4, 1, 3, 5]
```

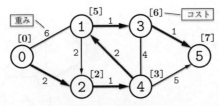

図 **10.3** 図 10.1(a) の最短経路

10.3 ダイクストラ法

10.3.1 ダイクストラ法のアルゴリズム

ここでは単一始点最短経路問題の解法として 1959 年に E. W. Dijkstra が考案[6] したアルゴリズムについて説明する。このアルゴリズムは**ダイクストラ法**（Dijkstra's algorithm）と呼ばれる。

ダイクストラ法はグラフの頂点に注目し，コスト確定済み頂点から接続関係にあるコスト未確定頂点までのコストで最小値の頂点のコストを決定し，コスト確定済み頂点に採用する。具体的には以下のような手順で最短経路を求める。

1. 始点頂点のコストを 0 に確定する。

2. コストが確定している頂点から接続しているコスト未確定の各頂点のコストを計算する。

3. 計算した頂点から最小コストの頂点のコストを確定し，その前の頂点を記録する。

4. 3. で確定した頂点が終点頂点でなければ 2. へ戻る。

5. 各頂点のコストが開始頂点からの最小コストとなる。

10.3.2 ダイクストラ法の探索の実例

図 **10.4** にダイクストラ法による頂点 0 から頂点 5 への探索手順例を示す。図 (a) は初期状態であり，スタートである頂点 0 のコストを 0 にし確定とする。その他の頂点のコストは +∞ に設定する。図 (b) では確定頂点 0 と接続関係のある頂点に着目しコストを計算する。その中で最小コストの頂点 2 のコストを 2 で確定させ，確定頂点に頂点 2 を加える。図 (c) では確定頂点 0,2 と接続関係のある頂点に着目し，その中で最小コストの頂点 4 のコストを 3 で確定させ，確定頂点に頂点 4 を加える。図 (d) では確定頂点 0,2,4 と接続関係のある頂点に着目し，その中で最小コストの頂点 1 のコストを 5 で確定させ，確定頂点に頂点 1 を加える。図 (e) では確定頂点 0,2,4,1 と接続関係のある頂点に着目し，その中で最小コストの頂点 3 のコストを 6 で確定させ，確定頂点に頂点 3 を加える。以上で頂点 5 以外はすべてコストが確定する。頂点 5 は頂点 3 からのコスト 7 と，頂点 4 からのコスト 8 を比較し，最小のコスト 7 で確定する。こ

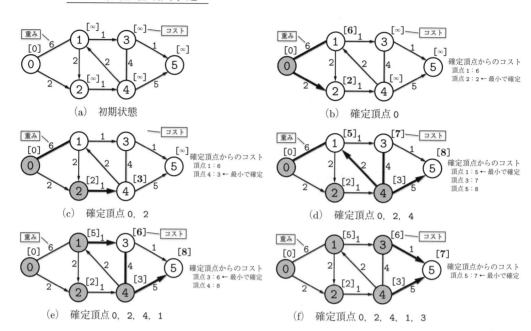

図 **10.4**　ダイクストラ法

のとき，各頂点のコストはそれぞれ頂点 0 からの最小コストとなる。

10.3.3　ダイクストラ法の実装

ダイクストラ法を実装するため，ベルマン・フォード法と同様に対象となる有向グラフの各辺のコストと端点をタプルで表し，有向グラフ全体の辺をリスト edges で表現する。

edges =[(重み 1，始点 1，終点 1)，(重み 2，始点 2，終点 2)，・・・・・]

ダイクストラ法では，開始頂点から各頂点までの総コストを記録する必要がある。各頂点の開始頂点からのコストと接続頂点をリスト vertex_cost で表現する。

vertex_cost =[[float('inf'), k] for k in range(vertex)]
vertex_cost[start] = [0, start]

初期値では各コストは float('inf') で無限大とし，どの頂点から接続しているかの初期値は自分自身の頂点番号としている。

例えば図 10.4(a) の有向グラフは以下のように表せる。

edges = [(6, 0, 1), (2, 0, 2), (6, 1, 0), (2, 1, 2), (1, 1, 3), (1, 2, 4),
　　　　(4, 3, 4), (1, 3, 5), (2, 4, 1), (4, 4, 3), (5, 4, 5)]
vertex_cost = [[0, 0], [inf, 1], [inf, 2], [inf, 3], [inf, 4], [inf, 5]]

ダイクストラ法では，コスト確定頂点から接続関係にあるコスト未確定頂点のコストの最

小の頂点を探索する必要がある。このためコスト確定頂点を集合 visited で管理する。集合 visited の初期値は開始頂点 start とする。

```
visited = {start}
```

各頂点に接続する頂点とその頂点間の重みを 2 次元辞書 nodes で表現する。

```
{ 頂点 A:{頂点 1:重み 1, 頂点 2:重み 2, ・・・},
    頂点 B:{頂点 3:重み 3, ・・・}, ・・・}
```

辺リスト edges から辺を取り出し，これを用いて頂点間接続情報辞書 nodes を設定する。

```
nodes = { k:{} for k in range( vertex ) }
for edge in edges:
    nodes[edge[1]][edge[2]] = edge[0]
```

この辞書 nodes は

```
nodes[頂点 A]
```

で頂点 A に接続する頂点をキーとして，頂点 A との重みが得られる。また，nodes は辞書であるため

```
nodes[頂点 A].keys()
```

として頂点 A に接続するすべての頂点のキーをリストとして取り出すことができる。そこで頂点 A に接続し，かつコスト確定頂点集合 visited に含まれない頂点のリストは内包表記を使用して，以下で得られる。

```
[ tmp for tmp in nodes[頂点 A].keys() if tmp not in visited ]
```

コスト確定集合 visited に含まれる各頂点に対して上記のリストを生成し，コスト確定済み頂点から接続関係にあるコスト未確定頂点までのコストの最小値を探索する。最小値を与えた頂点をコスト確定済み頂点に統合し，すべての頂点が確定済みになるまで上記を続ける。

　プログラム 10.2 は図 10.4(a) のグラフの最短経路をダイクストラ法で探索する。

─────────── プログラム 10.2 (ダイクストラ法) ───────────

```
1  # -*- coding: utf-8 -*-
2  vertex = 6
3  start = 0
4  destination = 5
5
6  edges = [(6, 0, 1), (2, 0, 2), (6, 1, 0), (2, 1, 2), (1, 1, 3), (1, 2, 4),
7          (4, 3, 4), (1, 3, 5), (2, 4, 1),(4, 4, 3), (5, 4, 5)]
8
```

```
 9  vertex_cost = [[float('inf'), k] for k in range( vertex )]
10  vertex_cost[start] = [0, start]
11
12  nodes = { k:{} for k in range( vertex ) }
13  for edge in edges:
14      nodes[edge[1]][edge[2]] = edge[0]
15
16  visited = {start}
17  while destination not in visited:
18      tmp_cost = float('inf')
19      for node1 in visited:
20          for node2 in [ tmp for tmp in nodes[node1].keys() if tmp not in visited]:
21              if tmp_cost > vertex_cost[node1][0] + nodes[node1][node2]:
22                  tmp_cost = vertex_cost[node1][0] + nodes[node1][node2]
23                  tmp_pre  = node1
24                  tmp_post = node2
25      vertex_cost[tmp_post] = [tmp_cost, tmp_pre]
26      visited.add( tmp_post )
27
28  pre = destination
29  route=[destination]
30  while pre!=start:
31      pre = vertex_cost[pre][1]
32      route.append( pre )
33  print( 'The shortest cost :', vertex_cost[destination][0] )
34  print( 'The shortest path :', route[::-1] )
```

プログラム 10.2 の実行結果は**実行結果 10.2** のようになる。これはベルマン・フォード法で
の結果と同一である。

―――― 実行結果 10.2 ――――

```
The shortest cost : 7
The shortest path : [0, 2, 4, 1, 3, 5]
```

　ダイクストラ法では，開始頂点から順に確定するコストはつねにその頂点までの最小コスト
が得られ，そのコストを利用してつぎの頂点の最小コストを求められる。このように問題を小
規模な問題から順次解くアルゴリズムを**動的計画法**（dynamic programming）という。

章 末 問 題

【1】　プログラム 10.3 に示すプログラムで生成される単純連結重み付き有向グラフにおいて start
を 0，destination を N*M-1 としたときの最短経路をベルマン・フォード法およびダイクスト
ラ法で求め，違いを考察せよ。
　　　生成されたグラフは各辺がリスト edges の要素に（重み，端点 1，端点 2）で設定され，また
辞書 nodes に各頂点に接続している頂点と重みが辞書の要素として設定される。

―――― プログラム 10.3 (単純連結重み付き有向グラフ生成プログラム) ――――

```
 1  # -*- coding: utf-8 -*-
```

```
 2   import random
 3
 4   N=100
 5   M=100
 6   vertex = N*M
 7
 8   def Find( sets, target ):
 9       for k in range( len(sets) ):
10           if target in sets[k]:
11               return k
12
13   def Union( sets, target0, target1 ):
14       set0 = Find( sets, target0 )
15       set1 = Find( sets, target1 )
16       if set0 < set1:
17           sets[set0].update( sets.pop( set1 ) )
18       elif set0 > set1:
19           sets[set1].update( sets.pop( set0 ) )
20       return sets
21
22   random.seed(1)
23   source=[]
24   for n in range( N ):
25       for m in range( M ):
26           if m<M-1:
27               source.append((random.randint(0,9), n*M+m, n*M+(m+1)))
28           if n<N-1:
29               source.append((random.randint(0,9), n*M+m, (n+1)*M+m))
30   source.sort()
31
32   edges=[]
33   nodes = { k:{} for k in range( vertex )}
34   sets = [{k} for k in range( vertex ) ]
35   for edge in source:
36       set1 = Find( sets, edge[1] )
37       set2 = Find( sets, edge[2] )
38       if set1 != set2:
39           sets = Union( sets, edge[1], edge[2] )
40           weight = random.randint(1,9)
41           edges.append(( weight, edge[1], edge[2] ))
42           edges.append(( weight, edge[2], edge[1] ))
43           nodes[edge[1]][edge[2]] = weight
44           nodes[edge[2]][edge[1]] = weight
45
46   termination=[]
47   for k in range( vertex ):
48       if len( nodes[k].keys() ) == 1:
49           termination.append( k )
50   source = [termination[2*k:2*(k+1)] for k in range(len(termination)//2)]
51   for edge in source:
52       weight = random.randint(5,9)
53       edges.append(( weight, edge[0], edge[1] ))
54       nodes[edge[0]][edge[1]] = weight
```

11

最大フロー問題

　物流における配送や情報通信などにおいて，ある地点から目的地点まで荷物や情報を送ることを考える。このときある地点から目的地点まではいくつかの点を経由し，それぞれの点間には送ることのできる最大容量が与えられているとする。これらの経路は複数あるとしたとき，ある地点から目的地点までに送ることができる荷物や情報の最大値を求める問題を最大フロー問題という。最大フロー問題を解くアルゴリズムに残余ネットワークを利用したフォード・ファルカーソン法と呼ばれるアルゴリズムが提案されている。この最大フロー問題は最小カット問題と呼ばれる問題の双対問題ともいわれる。本章ではフォード・ファルカーソン法を説明し，実装をする。

11.1　フローネットワーク

　最大フロー問題（maximum flow problem）は単純連結重み付き有向グラフにおいて，各辺の重みを頂点間で送ることのできる最大量である**容量**（capacity）とみなしたときに供給点の頂点 s から需要点 t へ送ることのできる最大量を求める問題である。頂点 s を始点，頂点 t を終点と呼ぶ。始点から終点へ送る量が最大量のとき，各辺を流れる量を**フロー**（flow）という。また各頂点間の容量とその向きを表現したグラフを**フローネットワーク**（flow network）という。**図 11.1** にフローネットワークの例を示す。このフローネットワークの供給点の頂点 s から需要点 t への最大フローは**図 11.2** に示すように最大 7 となる。図 11.1 の各辺の重みが容量であり，これに対して図 11.2 の各実線矢印の有向辺の数値は各辺のフローを表す。例えば頂点 s から頂点 2 への辺は容量が 4 であり，フローは 2 である。

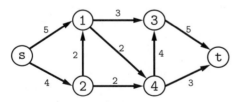

図 11.1　フローネットワークの例
　　　　　（数値は容量）

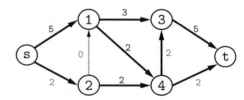

図 11.2　図 11.1 のフローネットワークの
　　　　　最大フロー（7）

11.2 フォード・ファルカーソン法

フォード・ファルカーソン法（Ford-Fulkerson algorithm）は L. R. Ford Jr. と D. R. Fulkerson が 1956 年に考案したグラフ上の 2 頂点間の最大フローを求めるアルゴリズム[7] である。この アルゴリズムは，以下のように頂点 s から頂点 t への最大フローを探索する。

1. 与えられたネットワークを基に残余ネットワークを作成する。

2. 残余ネットワーク上の s から t への経路を DFS もしくは BFS で探索する。

3. 経路がなければ終了する。

4. 経路があれば経路上の最小容量を基に残余ネットワークおよび元のネットワークを更新する。

5. 2. へ戻る。

ここで**残余ネットワーク**（residual network）とは，フローが追加可能であるかを判定するためのネットワークである。

残余ネットワークはつぎのように作る。

1. 現在のフローに基づき各頂点間にフローを重みとした有向辺を加える。

2. 各辺の容量から 1. の各フローを減じ，その残量を重みとした元の辺の逆向きの有向辺を加える。

図 11.3 に残余ネットワークの例を示す。図 11.3(a) は各有向辺のフローと容量を示した有向グラフである。各有向辺に付されている数値は「フロー / 容量」を表す。例えば頂点 s から頂点 1 への有向辺に付した「0/1」は，この有向辺の容量は 1 でフローが 0 であることを示している。図 11.3(b) はこれに対応した残余ネットワークである。元のネットワークと同じ向きの有向辺を実線で示し，その容量を示す。一方，容量 0 の逆向きの有向辺を破線で示している。

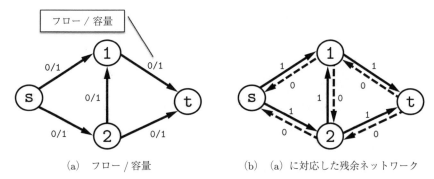

(a) フロー / 容量   (b) (a) に対応した残余ネットワーク

図 11.3 残余ネットワーク

　残余ネットワークで頂点 s から頂点 t への経路を探索し，その経路を構成する有向辺の容量
で最小容量をこの経路の容量とする。残余ネットワークの経路上の各有向辺の容量からこの経
路の容量を減じ，この経路の逆向きの各有向辺の容量にこの経路の容量を加える。これを残余
ネットワークで頂点 s から頂点 t への経路がなくなるまで繰り返す。

　例えば図 11.3(b) の残余ネットワークで，頂点 s から頂点 t への経路として「s⇒2⇒1⇒t」
が選択されたとする。この経路中の最小容量は 1 であるので，この経路上のフローは 1 となる。
このフローを基に残余ネットワークのこの経路上の容量を 1 増加させ，この経路の逆向きの経
路上の容量を 1 減少させる。以上の更新で得られる残余ネットワークは**図 11.4**(a) であり，こ
の残余ネットワークに対応した元のフローは図 11.4(b) となる。

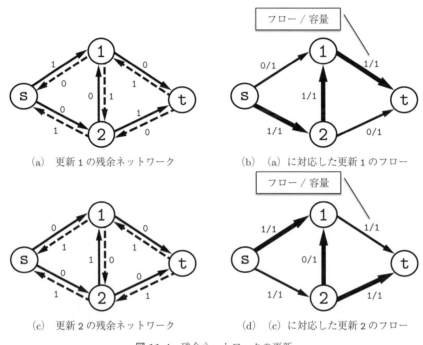

(a)　更新 1 の残余ネットワーク　　　　　(b)　(a) に対応した更新 1 のフロー

(c)　更新 2 の残余ネットワーク　　　　　(d)　(c) に対応した更新 2 のフロー

図 11.4　残余ネットワークの更新

　つぎに更新された図 11.4(a) に示す残余ネットワークで，頂点 s から頂点 t への経路を探索
する。探索の結果「s⇒1⇒2⇒t」が発見されたとする。この経路中の最小容量は 1 であるの
で，この経路上のフローは 1 である。このフローを基に残余ネットワークのこの経路上の容量
を 1 増加させ，この経路の逆向きの経路上の容量を 1 減少させる。以上の更新で得られる残余
ネットワークは図 11.4(c) であり，この残余ネットワークに対応した元のフローは図 11.4(d) と
なる。

　更新された図 11.4(d) に示す残余ネットワークで，頂点 s から頂点 t への経路は存在しない。
このため，図 11.4(d) が最大フローであり，このとき頂点 s から頂点 t へのフローの総量 2 が
得られる。

11.3 最小カット問題

最大フロー問題を線形計画問題として定式化した際の双対問題として知られる問題が**最小カット問題**（minimum cut problem）である。グラフ理論において，ある一つの連結なグラフに含まれる二つの頂点，始点 s と終点 t がそれぞれの頂点を含む二つのグラフに分割することを**カット**（cut）という。グラフがカットされるように元のグラフから取り除く辺を**カットエッジ**（cut edge）という。フローネットワークでは始点から終点に向かうカットエッジの重みの総和を**カットのサイズ**（size of the cut）という。最小サイズのカットを**最小カット**（minimum cut）と呼ぶ。最小カットは最大フローに等しい。

例えば図 **11.5** に示すフローネットワークを考える。このフローネットワークのカットの例を図 **11.6** に示す。図 11.6(a) のカットサイズは 3 であり，図 11.6(b) のカットサイズは 2 で最小カットである。

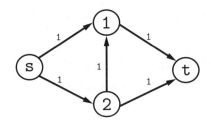

図 **11.5** フローネットワーク

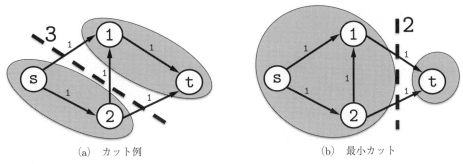

(a) カット例   (b) 最小カット

図 **11.6** 最小カットの例

11.4 フォード・ファルカーソン法の実装

最大フロー問題を解くためにフォード・ファルカーソン法を実装する。まず対象の単純連結重み付き有向グラフの各有向辺の容量と，辺の始点と終点の頂点がタプル（ 辺の容量 ，辺の始点 ，辺の終点 ）で表現にしたリストで与えられているとする。

　フォード・ファルカーソン法では，元のフローネットワークとこれに対応した残余ネットワークが必要である。ネットワークの総頂点数を vertex とする。フローネットワークの k 番目から j 番目の頂点間のフローと容量を [フロー ， 容量] のリストで表現し，これを 2 次元辞書で表す。

```
flow = { k: {} for k in range(vertex) }
for edge in edges:
    flow[edge[1]][edge[2]] = [0, edge[0] ]
```

このようにすればフローネットワークの k 番目から j 番目の頂点間のフローと容量は

```
flow[k][j]
```

で得られる。

　残余ネットワークの k 番目から j 番目の頂点間の残容量を 2 次元辞書で表す。

```
residual = { k: {} for k in range(vertex) }
for edge in edges:
    flow[edge[1]][edge[2]] = [0, edge[0] ]
    residual[edge[1]][edge[2]] = edge[0]
    residual[edge[2]][edge[1]] = 0
```

このようにすれば残余ネットワークの k 番目から j 番目の頂点間の残容量は

```
residual[k][j]
```

で得られる。

　残余ネットワークで始点 s から終点 t への経路を幅優先探索（BFS）もしくは深さ優先探索（DFS）で探索する。経路が存在する場合は，その経路上の最小容量で残余ネットワークおよびフローネットワークを更新し，経路がなくなるまで探索を行う。

　プログラム 11.1 に図 11.1 で s を 0，t を 5 としたときの最大フローをフォード・ファルカーソン法で探索するプログラムを示す。プログラム 11.1 では，経路探索は深さ優先探索（DFS）で行っている。

──────── **プログラム 11.1**（フォード・ファルカーソン法）────────

```
1  # -*- coding: utf-8 -*-
2  vertex = 6
3  edges =[(5, 0, 1), (4, 0, 2), (3, 1, 3), (2, 1, 4), (2, 2, 1), (2, 2, 4), (5, 3, 5),
4         (4, 4, 3), (3, 4, 5)]
5  start = 0        # 始点
6  destination = 5  # 終点
7
8  flow = { k: {} for k in range(vertex) }
```

```
 9  residual = { k: {} for k in range(vertex) }
10  total_flow = 0
11  for edge in edges:
12      flow[edge[1]][edge[2]] = [0, edge[0] ]
13      residual[edge[1]][edge[2]] = edge[0]
14      residual[edge[2]][edge[1]] = 0
15
16
17  stack = [start]
18  while stack:   # stack が空になるまで続ける
19      visited = [start]
20      stack = [start]
21      while stack[-1] != destination:
22          for node in residual[stack[-1]].keys():
23              if node not in visited and residual[stack[-1]][node]>0:
24                  stack.append( node )
25                  visited.append( node )
26                  break
27              else:
28                  del stack[-1]
29                  if len( stack ) == 0:
30                      break
31      else:
32          min = float('inf')
33          for k in range( len( stack ) - 1 ):
34              if min > residual[stack[k]][stack[k+1]]:
35                  min = residual[stack[k]][stack[k+1]]
36          for k in range( len( stack ) - 1 ):
37              if stack[k+1] in flow[stack[k]]:
38                  flow[stack[k]][stack[k+1]][0]  = flow[stack[k]][stack[k+1]][0]  + min
39              else:
40                  flow[stack[k+1]][stack[k]][0]  = flow[stack[k+1]][stack[k]][0]  - min
41
42              residual[stack[k]][stack[k+1]] = residual[stack[k]][stack[k+1]] - min
43              residual[stack[k+1]][stack[k]] = residual[stack[k+1]][stack[k]] + min
44          total_flow = total_flow + min
45
46  for k in range( vertex ):
47      for j in flow[k].keys():
48          print ( k, '->', j, ' : ', flow[k][j] )
49  print( 'Max flow=', total_flow )
```

プログラム 11.1 を実行すると**実行結果 11.1** のようにすべての辺のフローと容量がそれぞれ表示され, 最大フローが表示されるこの結果は図 11.2 と一致する。

─────── 実行結果 11.1 ───────

```
0 -> 1  :  [5, 5]
0 -> 2  :  [2, 4]
1 -> 3  :  [3, 3]
1 -> 4  :  [2, 2]
2 -> 1  :  [0, 2]
2 -> 4  :  [2, 2]
3 -> 5  :  [5, 5]
4 -> 3  :  [2, 4]
4 -> 5  :  [2, 3]
Max flow= 7
```

章 末 問 題

【 1 】 プログラム 11.2 に示すプログラムで生成される総頂点数 N の単純連結重み付き有向グラフに
おいて start を 0，destination を N-1 としたときの最大フローをフォード・ファルカーソン
法で求め，N の大きさによる結果を考察せよ。

生成されたグラフは各辺がリスト edges の要素に (重み，端点 1，端点 2) で設定され，また
辞書 nodes に各頂点に接続している頂点と重みが辞書の要素として設定される。

─────── プログラム 11.2 (単純連結重み付き有向グラフ生成プログラム) ───────

```
1   # -*- coding: utf-8 -*-
2   import random
3
4   N=100
5   random.seed(1)
6
7   edges=[]
8   nodes = { k:{} for k in range( N )}
9   for k in range( vertex-1 ):
10      for m in range( 0, (N-k)//10 + 1 ):
11          n = random.randint( k+1, N-1 )
12          nodes[k][n] = random.randint( 1, 9 )
13      for m in nodes[k].keys():
14          edges.append(( nodes[k][m], k, m ))
15
16  start = 0          # 始点
17  destination = N-1  # 終点
```

12 最大マッチング問題・割当問題

　マッチングアプリで男女のペアができるだけ多くできるように組合せを探索するような問題を最大マッチング問題という。また仕事場において従業員の要望をできるだけ取り入れられたシフト表を作るような問題を割当問題という。これら最大マッチング問題，割当問題はさまざまなところに現れる非常に重要な問題である。

　このような問題を解くためのアルゴリズムはいくつか提案されているが，本章では 11 章で説明した最大フロー問題のアルゴリズムを応用した，最大マッチング問題，割当問題の探索アルゴリズムを説明する。

12.1 マッチング

12.1.1 二 部 グ ラ フ

　頂点集合 $V(G)$ をたがいに素な二つの部分集合 $V_1(G)$，$V_2(G)$ に分けたとき，これらの部分集合内の各頂点間には辺が存在しないようなグラフを**二部グラフ**（bipartite graph）という。二部グラフにおいて $V_1(G)$ の任意の頂点と $V_2(G)$ の任意の頂点との間すべてに辺が存在しているグラフを**完全二部グラフ**（complete bipartite graph）という。二部グラフと完全二部グラフの例を図 **12.1** に示す。

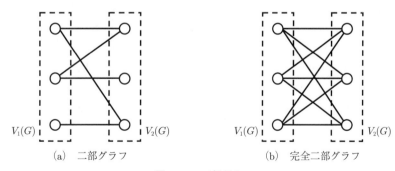

(a)　二部グラフ	(b)　完全二部グラフ

図 **12.1**　二部グラフ

12.1.2 最大マッチング

　図 **12.2** に示すような，ある無向グラフ G の部分集合を M とする。部分集合 M に含まれるどの二つの辺もその端点が同じ頂点でないとき，M を G の**マッチング**（matching）という。

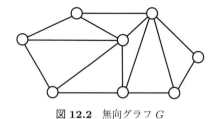

図 **12.2**　無向グラフ *G*

　図 **12.3**(a) に図 12.2 のグラフのマッチングである *M* とマッチングでない *M* を示す。マッチング *M* に含まれる辺の数をマッチングのサイズという。*M* のサイズが *G* のマッチングの中で最大のものを**最大マッチング**（maximum matching）という。図 **12.4** に二部グラフとその最大マッチングを示す。この場合，最大マッチングのサイズは 6 である。

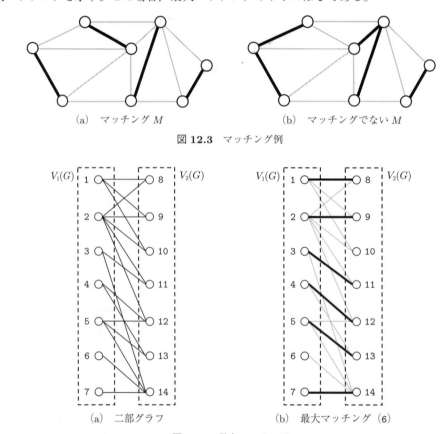

（a）　マッチング *M*　　　　　　　　　　（b）　マッチングでない *M*

図 **12.3**　マッチング例

（a）　二部グラフ　　　　　　　　　　（b）　最大マッチング（6）

図 **12.4**　最大マッチング

12.2　最大フローによる最大マッチングの解法

　最大マッチングの解法の一つに最大フロー問題に置き換えることで求める方法がある。例えば，図 12.4(a) に示す二部グラフ *G* の最大マッチングを求める場合には，グラフの部分集合

$V_1(G)$ と $V_2(G)$ の間の無向辺を $V_1(G)$ から $V_2(G)$ へ容量 1 の有向辺に置き換える。つぎに $V_1(G)$ のすべての頂点に向けて容量 1 の有向辺がある頂点 s と，$V_2(G)$ のすべての頂点からの容量 1 の有向辺がある頂点 t を付加する。マッチング問題では各頂点は 1 回しか利用できないため，それぞれの頂点に容量 1 の有向辺を用いる。このグラフを**図 12.5** に示す。図 12.5 で頂点 s から頂点 t への最大フローを求めると，それが最大マッチングのサイズであり，$V_1(G)$ と $V_2(G)$ の間の各辺のフローがマッチングを表す。

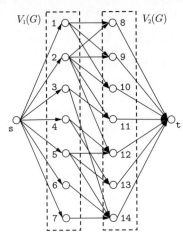

図 12.5 最大フローを求めるための有向グラフ

12.3 割 当 問 題

マッチング問題は各頂点が 1 回のみ使用可能であった。これを各頂点を複数回使用可能な二部グラフとみなした問題は**割当問題**（allocation problem）と呼ばれる。例えば「**図 12.6**(a) に示すような二部グラフがある。1 から 10 は A から E の中から 2 個まで選択することができ

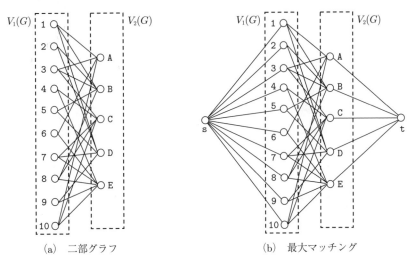

(a) 二部グラフ   (b) 最大マッチング

図 12.6 割当問題

る。一方，AからEは1から10の中から4個受け入れられる。これらの条件を満足する辺をできるだけ求めよ」という問題があるとする。図 12.6(a) に示されている二部グラフに図 12.6(b) のように頂点sと頂点tを付加する。なお，図 12.6(b) の各辺はすべて頂点sから頂点t方向へ向かう有向辺とする。「1から10はAからEの中から2個まで選択することができる」という条件から，頂点sから $V_1(G)$ の各頂点への有向辺の容量はそれぞれ2とする。また「AからEは1から10の中から4個受け入れられる」という条件から，$V_2(G)$ の各頂点から頂点tへの有向辺の容量はそれぞれ4とする。そして $V_1(G)$ の各頂点から $V_2(G)$ の各頂点への有向辺の容量は1とする。このようにそれぞれ選べる条件を頂点tからの有向辺の容量，もしくは頂点tへの有向辺の容量で記述することができる。この設定のうえで頂点sから頂点tへの最大フローを探索することにより，割当問題を解くことができる。

12.4 実　　　装

　最大マッチング問題および割当問題を最大フロー問題として解く場合には，データの設定のみが異なるだけで，実装は同じである。ここでは図 12.6 の割当問題を，最大フロー問題としてフォード・ファルカーソン法で解くプログラムを実装する。ここでは図 12.6(a) の頂点Aから頂点Eはそれぞれ頂点 11 から頂点 15 で表し，$V_1(G)$ から $V_2(G)$ への有向辺として，各有向辺が始点と終点のタプルで表現されたつぎのようなリスト edges で与えられているとする

$$
\begin{aligned}
\text{edges} =[&(1,11),\ (1,12),\ (1,14),\ (2,12),\ (2,14),\ (3,11),\ (3,12),\ (3,13),\\
&(4,13),\ (4,15),\ (5,12),\ (5,14),\ (6,11),\ (6,15),\ (7,13),\ (7,14),\ (7,15),\\
&(8,12),\ (8,13),\ (8,15),\ (9,14),\ (9,15),\ (10,11),\ (10,13),\ (10,15)]
\end{aligned}
$$

このグラフに頂点sと頂点tを付加するため，頂点数 vertex は2個増加し 17 となる。図 12.6(b) の有向グラフの最大フローをフォード・ファルカーソン法で求める。頂点sを頂点 0，頂点tを頂点 16 とする。$V_1(G)$ の頂点から $V_2(G)$ の頂点への有向辺の容量は 1，頂点sから $V_1(G)$ の各頂点への有向辺の容量はそれぞれ 2，$V_2(G)$ の各頂点から頂点tへの有向辺の容量はそれぞれ 4 となるように flow および residual に設定し，最大フローをフォード・ファルカーソン法で求める。この実装プログラムをプログラム 12.1 に示す。

―――― プログラム 12.1 (フォード・ファルカーソン法による割当問題解法) ――――

```
1  # -*- coding: utf-8 -*-
2  edges =[(1,11), (1,12), (1,14), (2,12), (2,14), (3,11), (3,12), (3,13), (4,13),
3   (4,15), (5,12), (5,14), (6,11), (6,15), (7,13), (7,14), (7,15), (8,12), (8,13),
4   (8,15), (9,14), (9,15), (10,11), (10,13), (10,15)]
5
6  vertex = 17
7  start = 0
8  destination = 16
9
```

```
10  flow = { k: {} for k in range(vertex) }
11  residual = { k: {} for k in range(vertex) }
12  # V_1(G) から V_2(G)
13  for edge in edges:
14     flow[edge[0]][edge[1]] = [0, 1 ]
15     residual[edge[0]][edge[1]] = 1
16     residual[edge[1]][edge[0]] = 0
17  # s から V_1(G)
18  for k in range(1,11):
19     flow[0][k] = [0, 2 ]
20     residual[0][k] = 2
21     residual[k][0] = 0
22  # s から V_1(G)
23  for k in range(11,16):
24     flow[k][16] = [0, 4 ]
25     residual[k][16] = 4
26     residual[16][k] = 0
27  total_flow = 0
28
29  stack = [start]
30  while len( stack ) > 0:
31     visited = [start]
32     stack = [start]
33     while stack[-1] != destination:
34        for node in residual[stack[-1]].keys():
35           if node not in visited and residual[stack[-1]][node]>0:
36              stack.append( node )
37              visited.append( node )
38              break
39        else:
40           del stack[-1]
41           if len( stack ) == 0:
42              break
43     else:
44        min = float('inf')
45        for k in range( len( stack ) - 1 ):
46           if min > residual[stack[k]][stack[k+1]]:
47              min = residual[stack[k]][stack[k+1]]
48        for k in range( len( stack ) - 1 ):
49           if stack[k+1] in flow[stack[k]]:
50              flow[stack[k]][stack[k+1]][0]  = flow[stack[k]][stack[k+1]][0]  + min
51           else:
52              flow[stack[k+1]][stack[k]][0]  = flow[stack[k+1]][stack[k]][0]  - min
53
54           residual[stack[k]][stack[k+1]] = residual[stack[k]][stack[k+1]] - min
55           residual[stack[k+1]][stack[k]] = residual[stack[k+1]][stack[k]] + min
56        total_flow = total_flow + min
57  for k in range( 1, 11 ):
58     for j in flow[k].keys():
59        if flow[k][j][0] != 0:
60           print( k, '->', j, )
61  print( 'Max flow=', total_flow )
```

　プログラム 12.1 を実行すると，**実行結果 12.1** のように割当に相当する辺が表示される。

―――― 実行結果 12.1 ――――

```
1 -> 11
1 -> 12
2 -> 12
2 -> 14
3 -> 11
3 -> 13
4 -> 13
4 -> 15
5 -> 12
5 -> 14
6 -> 11
6 -> 15
7 -> 13
7 -> 14
8 -> 12
8 -> 13
9 -> 14
9 -> 15
10 -> 11
10 -> 15
Max flow= 20
```

章 末 問 題

【1】 プログラム 12.2 に示すプログラムは頂点数 N の $V_1(G)$ と頂点数 M の $V_2(G)$ からなる二部グラフが生成される。この二部グラフの最大マッチングを求め，N と M の大きさによる結果を考察せよ。生成された二部グラフは各有向辺がリスト edges の要素に（端点 1，端点 2）で設定されている。$V_1(G)$ の頂点は頂点番号 1 から N までの N 個，$V_2(G)$ の頂点は頂点番号 N+1 から N+M までの M 個が含まれる。

―――― プログラム 12.2 (二部グラフ生成プログラム) ――――

```
 1   # -*- coding: utf-8 -*-
 2   import random
 3
 4   N=100
 5   M=100
 6
 7   random.seed(1)
 8
 9   edges=[]
10   nodes = { k:set() for k in range( 1, 1+N ) }
11   for k in range( 1, N+1 ):
12       for m in range( random.randint( 1, M//4 ) ):
13           nodes[k].add( random.randint( 1+N, 1+N+M ) )
14       for m in nodes[k]:
15           edges.append(( k, m ))
16
17   vertex = N+M+2
```

13

ナップサック問題

価値と重さが決まっている複数の品物を入れることができる重量が一定のナップサックに詰め込むとき，ナップサックに詰め込める品物の価値の和の最大値を求める問題をナップサック問題という。ナップサック問題はある条件の下で価値が最大となるような組合せを探索する問題であり，組合せ最適化問題と呼ばれる。組合せ最適化問題はすべての組合せから探索すれば必ず最適解である組合せを探索することができるが，組合せの総数は一般的に問題を構成する要素数に対して指数関数的に増大する。このような問題に対しては貪欲法と呼ばれる方法で解探索が行われることが多いが，貪欲法では最適解が得られる保証がない。貪欲法よりも計算量は多いものの，全解探索に比べて非常に効率的に最適解を探索することができるアルゴリズムが動的計画法である。本章では動的計画法を説明するとともに分割統治法との違いも説明する。

13.1　0-1ナップサック問題

重さと価値が異なる荷物が N 種類あるときに，荷物の重さの合計が W 以下であるという条件の下，荷物の価値の合計が最大となる組合せを求める問題を**ナップサック問題**（knapsack problem）という。荷物の最大積載重量が与えられたナップサックにできるだけ価値の高い荷物を詰め込む，という状況からこのような名前がついた。

荷物 i の重さを w_i，価値を v_i，ナップサックの最大積載重量を W，荷物の種類を N とする。荷物 i をナップサックに詰め込むかどうかを x_i という変数を用いて以下のように表す。

$$
x_i = \begin{cases} 1, & \text{荷物 } i \text{ を詰め込む} \\ 0, & \text{荷物 } i \text{ を詰め込まない} \end{cases}
$$

以上から，ナップサック問題はつぎのように定式化できる。

$$
\begin{aligned}
\max \quad & \sum_{i=1}^{N} v_i x_i \\
\text{s.t.} \quad & \sum_{i=1}^{N} w_i x_i \leq W \\
& x_i \in \{0, 1\}
\end{aligned}
$$

上記で定式化される問題はナップサックに荷物を詰め込むか，詰め込まないかを決める問題[†1]であるため **0-1 ナップサック問題**（zero-one knapsack problem）という。

13.2 　貪欲法・動的計画法

13.2.1 　貪　欲　法

　ナップサック問題の最も基本的な解法は**全解探索**（exhaustive search）である。N 種類の荷物から n 個の荷物を選択する組合せの個数は ${}_N C_n$ である。n が 1 から N の総個数は $2^N - 1$ である。これらの組合せすべての重さを算出し，W 以下で価値の合計値が最大となるものを選択すればよい。この方法では N の増加に伴い，組合せ総数が指数関数的に増加してしまう。

　そこで何らかの基準を設けて探索を効率的に行うアルゴリズムが考えられる。例えば N 種類の荷物の中から

- 重さ w_i が W 以下の重いものから順に選択する

- 重さ w_i が W 以下の軽いものから順に選択する

- 価値 v_i が高いものから順に選択する

- v_i/w_i で単位重さ当りの価値が高いものから順に選択する

といった方法で探索を行う方法が考えられる。これらは「何らかの基準を用いて組合せを生成し，最適な組合せを探索するアルゴリズム」である。このようなアルゴリズムを**貪欲法**もしくは**欲張り法**（greedy algorithm）という。貪欲法は簡単なアルゴリズムであるため高速に解が得られるが，得られた解が最適な解である保証がない。貪欲法によって最適解が得られる場合と得られない場合が存在するが，与えられた問題が貪欲法で最適解が得られるかどうかを見極めることは一般に困難[†2]である。ナップサック問題も与えられた荷物の重さと価値によって貪欲法で最適解が得られる場合と得られない場合がある。

13.2.2 　動 的 計 画 法

　貪欲法ではナップサック問題の解探索において最適解が得られる保証がない。最適解が得られることが保証された方法に**動的計画法**（dynamic programming）と呼ばれるアルゴリズムがある。動的計画法は問題を小さな複数の部分問題に分解し，部分問題の解を記録しながら解を探索する手法[†3]である。ここでは 0-1 ナップサック問題を対象に考える。

[†1]　x_i がナップサックに詰め込む荷物の個数を表す場合は**整数ナップサック問題**（integer knapsack problem）と呼ばれる。

[†2]　当然，貪欲法で最適解が得られることがわかっている問題も多い。

[†3]　動的計画法はボトムアップで解を探索するアルゴリズムであるが，トップダウンで大きな問題を再帰的に分割して解くアルゴリズムを分割統治法という。3 章の Merge sort や 4 章の Quick sort が分割統治法のアルゴリズムである。

n 種類の荷物があり，その中から荷物の重さの合計が W_k 以下で価値が最大となる荷物の組合せが $C(n, W_k)$ であり，そのときの価値は $V(n, W_k)$ であることがわかっているとする。このとき，n 種類の荷物には含まれていない新たな荷物 (w_{n+1}, v_{n+1}) が与えられることを考える。ここで w_{n+1} は新たな荷物の重さ，v_{n+1} は新たな荷物の価値である。W_k から新たな荷物 (w_{n+1}, v_{n+1}) の重さ w_{n+1} を減じた重さの制限の下での荷物が n 種類のときの最大の価値 $V(n, W_k - w_{n+1})$ に新たな荷物の価値 v_{n+1} を加えた価値が $V(n, W_k)$ を超えていれば $V(n+1, W_k)$ を更新し，荷物の組合せは $C(n, W_k - w_{n+1})$ に新たな荷物を加える。以上をまとめ，新たな荷物まで加えたときの荷物の重さの合計が W_k 以下で価値が最大となる荷物の組合せ $C(n+1, W_k)$ およびそのときの価値 $V(n+1, W_k)$ は以下のように記述できる。

- $V(n, W_k) < V(n, W_k - w_{n+1}) + v_{n+1}$ であれば
  $C(n+1, W_k)$ は $C(n, W_k - w_{n+1})$ に $n+1$ 番目の荷物を加え
  $V(n+1, W_k) = V(n, W_k - w_{n+1}) + v_{n+1}$ とする。

- $V(n, W_k) \geqq V(n, W_k - w_{n+1}) + v_{n+1}$ であれば
  $C(n+1, W_k)$ は $C(n, W_k)$ と同じとし
  $V(n+1, W_k) = V(n, W_k)$ とする。

上記は漸化式として表記でき，初期値は $V(0, W_k) = 0$，$C(0, W_k) = \{\}$ である。

以上のように，このアルゴリズムは荷物が n 種類までの解を記録し，それらの解を使用して $n+1$ 種類までの解を探索することで最適解を探索することができる。

13.2.3　動的計画法による探索の実例

表 13.1 に示す荷物で総重量が $8\,\mathrm{kg}$ のとき，動的計画法による総価値が最大となる組合せの探索例を概説する。

表 13.1　荷物の価格と重量

荷　物	価　格〔円〕	重　量〔kg〕
A	1 000	6
B	800	5
C	700	4
D	400	3
E	450	2
F	500	1

総重量 $8\,\mathrm{kg}$ で価値が最大となる組合せを動的計画法で探索するため，**図 13.1** に示すような表を用意する。図 13.1 の各列は制限重量 W_k を示し，各行は荷物を表す。各マスには制限重量とその行よりも上にある荷物が使用できる状態での最大総価値とその組合せを記録する。なお，図 13.1 の各行の荷物は A から F の順にしているが，この順は解には影響しない。

図 13.1 の動的計画法のための表を具体的にどのように埋めていくかを**図 13.2** に示す。荷物 A のみしかない状態から始め，徐々に荷物を増やしながら各制限重量 W_k に応じた最大総価値

図 **13.1**　動的計画法のための表

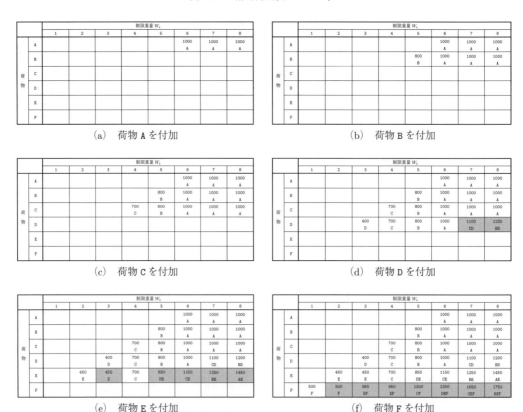

(a)　荷物 A を付加　　　　　　　(b)　荷物 B を付加

(c)　荷物 C を付加　　　　　　　(d)　荷物 D を付加

(e)　荷物 E を付加　　　　　　　(f)　荷物 F を付加

図 **13.2**　動的計画法の表の更新

とその組合せを図 13.1 に埋めていく。

　図 13.2(a) は荷物 A しかない場合を表す。荷物 A は 6 kg であるため，W_k が 5 以下では解は存在しない。W_k が 6 以上では荷物 A をナップサックに詰め込むが解であり，そのときの価値は 1000 である。このため図 13.2(a) のように A 行の重量 6 以上の列のマスのみに解を書き込む。

　つぎに荷物 B が追加された場合を考える。荷物 B は 5 kg であるため，W_k が 5 ではこれを採用すれば価値は最大であるので，図 13.2(b) のように B 行の W_k が 5 の列のマスに価値 800 と B を書き込む。A 行の W_k が 5 以下の列はすべて空欄であるため，荷物 B の価値 800 を加えても W_k が 6 以上では A 行の価値 1000 を超えることはできない。このため B 行の W_k が 6 列目以降は A 行の内容がそのまま書き込まれる。

　荷物 C は 4 kg であるため，図 13.2(c) のように C 行の W_k が 4 列目のマスに価値 700 と C を書き込む。B 行の W_k が 4 以下はすべて空欄であるため，荷物 C の価値 700 を加えても W_k が 5 以上では B 行の価値を超えることはできない。このため C 行の W_k が 5 列目以降は B 行の内容がそのまま書き込まれる。

　荷物 D は 3 kg であるため，図 13.2(d) のように D 行の W_k が 3 列目のマスに価値 400 と D を書き込む。上記までと異なり C 行の W_k が 4，5 の列に荷物 D の価値 400 を加えると C 行目の値よりも大きくなる。このため D 行の W_k が 4，5，6 列目は C 行の内容がそのまま書き込まれ，D 行の W_k が 7，8 列目は C 行の W_k が 4，5 列目の価値に荷物 D の価値 400 が加算され，組合せはそれぞれ CD と BD となる。

　荷物 E は 2 kg であるため，図 13.2(e) のように E 行の W_k が 2 列目のマスに価値 450 と E を書き込む。これは D 行の W_k が 3 列目の 400 よりも大きいので E 行の W_k が 3 列目を 450 に書き換える。また D 行の W_k が 3 列目以降に E の価値 450 を加えると，どれも D 行の W_k が 5 列目の値よりも大きくなるため，E 行の W_k が 5 列目以降は D 行の W_k が 3 列目以降の価値に荷物 E の価値 450 が加算され，組合せにそれぞれ荷物 E が加えられる。

　荷物 F は 1 kg であるため，図 13.2(f) のように F 行の W_k が 1 列目のマスに価値 500 と F を書き込む。これは E 行の W_k が 2 列目の 450 よりも大きいので F 行の W_k が 2 列目を 500 に書き換える。また F 行の W_k が 2 列目以降に F の価値 500 を加えると，どれも E 行の W_k が 3 列目の値よりも大きくなるため，F 行の W_k が 3 列目以降は E 行の W_k が 3 列目以降の価値に荷物 F の価値 500 が加算され，組合せにそれぞれ荷物 F が加えられる。

　この結果，図 13.2(f) の右隅，F 行の W_k が 8 列目のマスは，荷物をすべて使用し総重量 8 kg の制限下での最大価値 1750 であり，そのときの荷物の組合せは BEF であるということを示している。これはこの問題の解である。

13.3 動的計画法によるナップサック問題の解法の実装

　表 13.1 に示す荷物で総重量が 8 kg のとき総価値が最大となる組合せを動的計画法で求めるプログラムを実装する。荷物は下記のようなタプルで表されるとする。

　　（ 名称，価値，重さ ）

表 13.1 の荷物は上記のタプルのリスト object で表す。

```
objects =[ ('F', 500, 1), ('E', 450, 2), ('D',  400, 3), ('C', 700, 4),
           ('B', 800, 5), ('A', 1000, 6) ]
```

例えば 3 番目の荷物の重さは

```
object[3][2]
```

で，価値は

　　　object[3][1]

となる。

　動的計画法のための表は 2 次元リストで，その各要素は総価値と荷物の組合せのリストで下
記のように表す。

　　　　[総価値，組合せのリスト]

この表を dp とする。dp をアルゴリズムで示した漸化式で記述することで表を完成させ，求め
る解を探索する。制限重量が limit_weight で与えられているとすると**プログラム 13.1** のよ
うになる。

─────────── プログラム **13.1** (動的計画法によるナップサック問題の解法) ───────────

```
1   # -*- coding: utf-8 -*-
2   objects =[ ('F', 500, 1), ('E', 450, 2), ('D',  400, 3), ('C', 700, 4), \
3   ('B', 800, 5), ('A', 1000, 6) ]
4   limit_weight = 8
5
6   # Dynamic Programming
7   dp = [[[0,[]] for w in range(limit_weight+1) ] for n in range( len(objects)+1 )]
8
9   for n in range( len(objects) ):
10      for w in range( 1, limit_weight+1):
11          dp[n+1][w] = dp[n][w].copy()
12          if w>=objects[n][2]:
13              if dp[n][w-objects[n][2]][0] + objects[n][1] > dp[n][w][0]:
14                  dp[n+1][w][0] = dp[n][w-objects[n][2]][0] + objects[n][1]
15                  dp[n+1][w][1] = dp[n][w-objects[n][2]][1] + [objects[n][0]]
16
17  print('Max value:', dp[len(objects)][limit_weight][0] )
18  print('  objects:', dp[len(objects)][limit_weight][1] )
```

プログラム 13.1 を実行すると，**実行結果 13.1** のように表示される。

─────────────── 実行結果 **13.1** ───────────────

```
Max value: 1750
  objects: ['F', 'E', 'B']
```

　動的計画法はアルゴリズムが漸化式で表せることから，再帰アルゴリズムとしても記述でき
る。**プログラム 13.2** は動的計画法の表の各要素を求める関数を knapsack として，この関数
を再帰呼び出しすることで動的計画法を実現し，ナップサック問題の解を探索する。

─────────── プログラム **13.2** (再帰呼び出しによる動的計画法) ───────────

```
1   # -*- coding: utf-8 -*-
2   objects =[ ('F', 500, 1), ('E', 450, 2), ('D',  400, 3), ('C', 700, 4), \
3   ('B', 800, 5), ('A', 1000, 6) ]
4   limit_weight = 8
```

```
 5
 6  # Dynamic Programming  (Recursive algorithm)
 7  def knapsack( item, weight ):
 8     if item >= len( objects ):
 9        return [0, []]
10     elif weight - objects[item][2] < 0:
11        return knapsack( item+1, weight )
12     else:
13        dp1 = knapsack( item+1, weight )
14        dp2 = knapsack( item+1, weight - objects[item][2] )
15        dp2[0] =  dp2[0] + objects[item][1]
16        if dp1[0] > dp2[0]:
17           return dp1
18        else:
19           dp2[1].append( objects[item][0] )
20           return dp2
21
22  dp = knapsack( 0, limit_weight )
23  print('Max value=', dp[0] )
24  print('  objects:', dp[1] )
```

章 末 問 題

【1】 プログラム 13.3 に示すプログラムは N 個の荷物のデータを生成する。この生成された荷物を
用い，総重量 limit_weight が N*5 のとき総価値が最大となる組合せを動的計画法で求めた場
合と，貪欲法で求めた場合の結果を比較し，N の大きさによる結果の違いを考察せよ。またすべ
ての組合せを検討した場合についても考察せよ。

　　各荷物は下記のようなタプルで表される。

　　　　(名称，価値，重さ)

名称は 0 から N-1 までの N 種類の整数値で表す。また重さは最大 N*3 であり，価値は 1 以上，
1000 以下である。

　　すべての荷物の情報は上記のタプルを要素としたリスト objects に格納されている。

――――――――― プログラム 13.3 (N 個の荷物生成プログラム) ―――――――――

```
 1  # -*- coding: utf-8 -*-
 2  import random
 3
 4  N=50
 5
 6  random.seed(1)
 7
 8  weights = random.sample( range( N*3 ), N )
 9  objects = [[ k, random.randint(1,1000), w ] for k, w in enumerate( weights ) ]
10
11  limit_weight = N*5
```

14┃敵 対 探 索

近年さかんに研究が行われている人工知能に関する研究の端緒は，情報理論で有名な C. E. Shannon が 1950 年に発表した「チェスを行う機械」という論文[8]で提案されたミニマックス法であるといえる。ミニマックス法は，オセロゲームやチェスなどの 2 人のプレイヤーが交互に差し手を決定する対戦ゲームで，最善の指し手を自分の指し手と対戦相手の指し手をゲームの局面から先読みし評価値を算出する敵対探索アルゴリズムの一種で，最善手を探索するアルゴリズムである。実用的にはさらに効率を高めた探索アルゴリズムが必要であるが，本章では最も基本となるアルゴリズムであるこのミニマックス法を説明する。

14.1 ミニマックス法

オセロゲームやチェスなどの 2 人のプレイヤーが交互に差し手を決定する対戦ゲームでは，自分の指し手に対して相手がどのような指し手を選択するかを予測し，どのような指し手であれば勝利できるかを探索する必要がある。このような対戦ゲームでの指し手の探索は**敵対探索**（adversarial search）と呼ばれる。たがいにどのような指し手であったかの情報に基づきゲーム展開を木のグラフで表すことができる。このような木は**樹形図**（tree diagram）と呼ばれ，現在の状況からゲームを完了するまでのすべての局面の関係を**ゲーム木**（game tree）という。ゲームの指し手すべてを含んだゲーム木は**完全ゲーム木**（complete game tree）と呼ばれる。

敵対探索で最も基本となるアルゴリズムが，ゲーム木の探索を行う**ミニマックス法**（minimax algorithm）†である。ミニマックス法は指し手の先読みをつぎのように行う。

1. 相手の番で相手が指すことができる手をすべて評価し，自分にとって最も評価が低い指し手を用いる。

2. 自分の番で自分が指すことができる手をすべて評価し，自分にとって最も評価が高い指し手を用いる。

完全ゲーム木が与えられ，それらをすべて読み切ることができれば，上記の先読みにより最善の指し手を用いることができる。しかしながら一般的に先読みが深くなるにつれ探索が必要な局面数は爆発的に増加するため，実用的にすべての手を探索することは難しくなる。このため，通常は有限の深さまでで探索を打ち切る。ただし，その場合には打ち切った局面から評価

---

† min-max 法ともいう。

値を算出する必要がある。このような局面から評価値を得る関数のことを静的評価関数といい，この静的評価関数から得られる評価値を静的評価値という。またこのような静的評価関数を用いてもなお，探索する局面数はやはり非常に大きい場合が多い。このような場合には探索が必要のない局面の探索が含まれている場合が多く，これら必要のない局面を探索しないようにすることで探索効率を向上させる必要がある。このような必要のない局面を探索しない探索効率を向上させたアルゴリズムには α-β 法と呼ばれるアルゴリズムがあり，実用的にはさらに効率を向上させたアルゴリズムが用いられる。

14.2　「エイト」ゲーム

　ミニマックス法を「エイト」というゲームを実例に説明する。エイトとは以下のようなルールで 2 人のプレイヤーが対戦するゲームである。

1. 先手のプレイヤーは 1，2，3 のいずれかの数字を選択し，選択した数字を合計値の初期値にする。

2. もう一方のプレイヤーは 1，2，3 のうち，前回相手が選んだ数以外を選択し，合計値に加算する。

3. 合計値が 8 未満であればプレイヤーを交代し，2. へ戻る。

4. 合計値が 8 であれば数字を選択したプレイヤーの勝利となる。

5. 合計値が 8 を超えた場合は数字を選択したプレイヤーの敗北となる。

　このルールを基にゲーム木を作成すると図 **14.1** に示すようになる。図 14.1 の各頂点の数値は上段が選択した数値を，下段が合計値を表す。エイトは合計値が 8 以上になった時点で勝敗

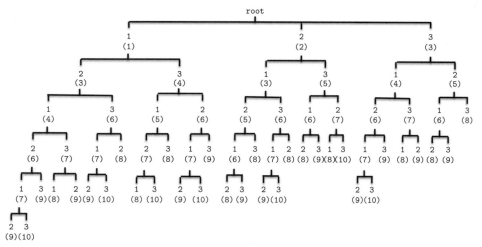

図 **14.1**　「エイト」のゲーム木

が決定するため，図 14.1 のゲーム木で合計値が 8 以上の頂点は葉となっている。エイトの場合，完全ゲーム木が得られる。

　root から深さが偶数か奇数かでプレイヤーが交互に交代することとなる。評価値は自分の番に数字の合計値が 8 の場合は自分が勝利であるので，評価値は例えば+10，9 以上であれば敗北であるので評価値を-10 とする。また相手の番に数字の合計が 8 の場合は敗北であるので，評価値を-10，9 以上であれば勝利であるので評価値を+10 とする。また現状よりも先読みが深い時点での評価値を下げるため，勝利の評価値は深さ分減じ，敗北の評価値は深さ分増加させる。自分の番では指し手の選択肢の中で評価値の最も高い手が選択されるとし，相手の番では選択肢の中で評価値の最も低い手が選択されるとして先読みを行う。図 **14.2**(a) に自分が後手で 3 が選択された場合の各状態での評価値を，図 14.2(b) に自分が先手で 3 を選択した場合の各状態での評価値を示す。図 14.2 の各頂点の数値は上段が選択した数値を，下段が評価値を表す。

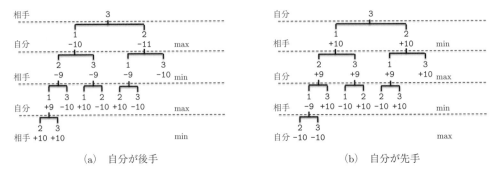

(a)　自分が後手　　　　　　　　　　(b)　自分が先手

図 14.2　ミニマックス法による評価値計算例

　図 14.2(b) のように自分が 3 を選択した場合，相手が選択できるのは 1 もしくは 2 である。どちらも評価値は+10 であるのでどちらを選択してもよいが，2 が選択されたとする。この場合，1 の評価値が+9，3 の評価値が+10 であるので，3 を選択すると勝利となる。

　各評価値は葉の部分で自分が勝利の場合に+10，敗北の場合に-10 で，深さ一つ上位では相手の番であるときは枝分かれの双方のうちの小さいほうの値を採用し，+1 する。自分の番の場合には枝分かれの双方のうちの大きいほうの値を採用し，-1 する。

　このように相手の番では評価値が最小の指し手，自分の番では評価値が最大の指し手が選択されるとするアルゴリズムがミニマックス法である。

14.3　ミニマックス法の実装

　ミニマックス法を実装するため評価値を計算する関数 eval を定義する。評価値は現在の状態から先読みさせ，勝敗が決定した時点での評価値から計算する。このため関数 eval は再帰関数として実装する。関数 eval の引数には選択した数値 point，現状での合計値 total，そして自分の番であるか相手の番であるかを表す bool 変数 turn の 3 個を与える。turn は True

であれば自分の番，False であれば相手の番とする。

　合計値 total が 9 以上のとき，自分の番であれば-10 を，相手の番であれば+10 を戻り値とする。合計値 total が 8 の場合は自分の番であれば+10 を，相手の番であれば-10 を戻り値とする。合計値 total が 8 未満のとき，自分の番であれば直前に選択された数値以外の数値が選択された際の，自分の番であれば大きいほうの評価値から 1 加算した値を戻り値とし，相手の番であれば小さいほうの評価値から 1 減算した値を戻り値とする。

　関数 eval の実装例を以下に示す。

```python
def eval( point, total, turn ):
    total += point
    if turn:
        if total >8:
            return -10
        else:
            return +10
    else:
        if total >8:
            return +10
        else:
            return -10
    candidate = [ k for k in range(1,4) if k != point ]
    cand0 = eval( candidate[0], total, not(turn) )
    cand1 = eval( candidate[1], total, not(turn) )
    if turn:
        return( max( cand0, cand1 ) - 1 )
    else:
        return( min( cand0, cand1 ) + 1 )
```

1，2，3 で選択された値 value 以外をリスト candidate に内包表記で以下のように設定する。

```python
candidate = [ k for k in range(1,4) if k != value ]
```

以上を使用してエイトの対戦相手をするプログラムを**プログラム 14.1** に示す。プログラム 14.1 は最初に先攻か後攻かを選択したうえで，エイトの対戦相手の指し手をミニマックス法で決定し，勝敗を判定するプログラムである。

―――――――― プログラム **14.1** (ミニマックス法による「エイト」の最善手探索) ――――――――

```
1  # -*- coding: utf-8 -*-
2  import random
```

```
 3
 4  def eval( point, total, turn ):
 5      total += point
 6      if total >8:
 7          if turn:
 8              return -10
 9          else:
10              return +10
11      elif total == 8:
12          if turn:
13              return +10
14          else:
15              return -10
16      else:
17          candidate = [ k for k in range(1,4) if k != point ]
18          cand0 = eval( candidate[0], total, not(turn) )
19          cand1 = eval( candidate[1], total, not(turn) )
20          if turn:
21              return( max( cand0, cand1 ) - 1 )
22          else:
23              return( min( cand0, cand1 ) + 1 )
24
25
26  s = int( input(' 先攻 (0), 後攻 (1)?:') )
27  if s==0:
28      value=0
29  else:
30      value = random.randint(1,3)
31      print(value, ' is selected.')
32  total = value
33  turn = True
34  while True:
35      candidate = [ k for k in range(1,4) if k != value ]
36      if turn:
37          flag=True
38          while flag:
39              flag = True
40              print('Please input ', candidate,':', end='' )
41              value = int( input() )
42              if value in candidate:
43                  flag=False
44          total += value
45          print( 'Total:', total )
46          turn = not(turn)
47          if total == 8:
48              print('You win.')
49              break
50          elif total>8:
51              print('You lose.')
52              break
53      else:
54          if eval( candidate[0], total, turn ) < eval( candidate[1], total, turn ):
55              value = candidate[0]
56          else:
57              value = candidate[1]
```

```
58        print( value, ' is selected.' )
59        total += value
60        print( 'Total:', total )
61        turn = not(turn)
62        if total == 8:
63            print('You lose.')
64            break
65        elif total>8:
66            print('You win.')
67            break
```

プログラム 14.1 を実行すると，**実行結果 14.1** のように表示される。

──────── 実行結果 14.1 ────────

```
先攻 (0)，後攻 (1)?:0
Please input  [1, 2, 3] :2
Total: 2
1  is selected.
Total: 3
Please input  [2, 3] :2
Total: 5
3  is selected.
Total: 8
You lose.
```

章　末　問　題

【1】 ミニマックス法により 3 目並べの対戦を行えるプログラムを作成せよ。3 目並べとは 3×3 の
マスに 2 人のプレイヤーが交互に「○」と「×」を配置していき，縦，横，斜めのいずれかに
「○」もしくは「×」のいずれかを 3 個並ばせられれば勝利となるゲームである。すべてのマス
が埋まっても 3 個並ばなかった場合は引き分けとなる。

引用・参考文献

1) マイケル・J・ブラッドリー 著，松浦俊輔 訳：数学を拡げた先駆者たち—無限，集合，カオス理論の誕生—，青土社（2009）

2) J. B. Kruskal：On the shortest spanning subtree of a graph and the traveling salesman problem, Proc. American Math. Soc., **7**, pp.48–50 (1956)

3) R. C. Prim：Shortest Connection Networks And Some Generalizations, Bell System Tech. J., **36**, pp.1389–1401 (1957)

4) L. R. Ford Jr.：Network Flow Theory, RAND Corporation (1956)

5) R. Bellman：On a routing problem, Quart. Appl. Math., **16**, pp.87–90 (1958)

6) E. W. Dijkstra：A note on two problems in connexion with graphs, Numerische Mathematik, **1**, pp.269–271 (1959)

7) L. R. Ford Jr. and D. R. Fulkerson：Maximal Flow Through a Network, Canad. J. Math., **8**, pp. 399–404 (1956)　DOI: 10.4153/CJM-1956-045-5

8) C. E. Shannon：A Chess-Playing Machine, Scientific American, **182**, 2, pp.48–51 (1950)

章末問題解答

1章

【1】 解図 1.1 を参照。

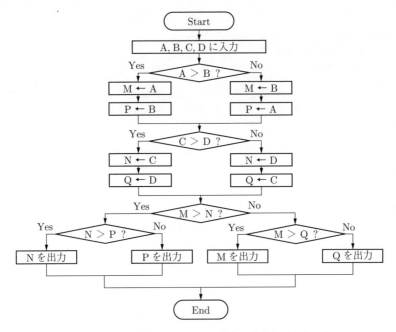

解図 1.1 四つの数値から，2番目に大きい数字を探索する手順の
フローチャート

2章

【1】 Selection sort と Bubble sort の処理時間を計測するためのプログラムを**プログラム A.1** に示す。4 行目の num の設定でデータ数を，5 行目の seed の設定で発生する乱数系列を変更することができるので，seed の値を変更し，複数回実験を行う。そして，num を変更することでデータ数を変更し，処理時間がどのように変化するかを観測する。

――― **プログラム A.1** (Selection sort と Bubble sort の処理時間の計測) ―――

```
1   # -*- coding: utf-8 -*-
2   import random
3   import time
4   num = int(1e4)
5   seed = 1
6   print('The number of data: ', num )
7
8   print('Selection sort')
9   random.seed( seed )
```

```
10   x = random.sample( range(num), num )
11   start = time.perf_counter()
12   for k in range( num-1 ):
13       for j in range( k+1, num ):
14           if x[k] < x[j]:
15               x[k], x[j] = x[j], x[k] # x[j] と x[k] の入れ替え
16   elapsed_time = time.perf_counter () - start
17   print( elapsed_time , 'sec' )
18   print( 'Max:', x[0], ' Mid:', x[int(num/2)], ' Min:', x[num-1] )
19
20   print('Bubble sort')
21   random.seed( seed )
22   x = random.sample( range(num), num )
23   start = time.perf_counter()
24   for k in range( num-1, 0, -1 ):
25       for j in range( k ):
26           if x[j] < x[j+1]: # 隣どうし ( x[j] と x[j+1] )の比較
27               x[j], x[j+1] = x[j+1], x[j] # x[j] と x[j+1] の入れ替え
28   elapsed_time = time.perf_counter () - start
29   print( elapsed_time , 'sec' )
30   print( 'Max:', x[0], ' Mid:', x[int(num/2)], ' Min:', x[num-1] )
```

3 章

【1】 Merge sort の処理時間の計測するためのプログラムをプログラム **A.2** に示す。25 行目の **num** の設定でデータ数を，26 行目の **seed** の設定で発生する乱数系列を変更することができるので，**seed** の値を変更し，複数回実験を行う。そして，**num** を変更することでデータ数を変更し，処理時間がどのように変化するかを観測する。

─────── プログラム **A.2** (Merge sort の処理時間の計測) ───────

```
1    # -*- coding: utf-8 -*-
2    import random
3    import time
4
5    def merge_sort( L, R ):
6        if len(L) > 1:
7            L = merge_sort( L[:len(L)//2], L[len(L)//2:] )
8        if len(R) > 1:
9            R = merge_sort( R[:len(R)//2], R[len(R)//2:] )
10       M = []
11       k,j = 0,0
12       while len(L)>k and len(R)>j:
13           if L[k]>R[j]:
14               M.append( L[k] )
15               k=k+1
16           else:
17               M.append( R[j] )
18               j=j+1
19       if len(L)>k:
20           M.extend( L[k:] )
21       elif len(R)>j:
22           M.extend( R[j:] )
```

```
23      return M
24
25  num = int(1e4)
26  seed = 1
27  random.seed( seed )
28  x = random.sample( range(num), num )
29  print('Merge sort:')
30
31  start = time.process_time()
32  x = merge_sort( x[:len(x)//2], x[len(x)//2:] )
33  elapsed_time = time.process_time() - start
34
35  print( elapsed_time , 'sec' )
36  print( 'Max:', x[0], ' Mid:', x[int(num/2)], ' Min:', x[num-1] )
```

4 章

【 1 】　Quick sort の処理時間の計測するためのプログラムをプログラム **A.3** に示す。関数 quick_sort1 がプログラム 4.1 に，関数 quick_sort2 がプログラム 4.2 に対応する。32 行目の num の設定でデータ数を，33 行目の seed の設定で発生する乱数系列を変更することができるので，seed の値を変更し，複数回実験を行う。そして，num を変更することでデータ数を変更し，処理時間がどのように変化するかを観測する。

──────── プログラム **A.3** (Quick sort の処理時間の計測) ────────

```
1  # -*- coding: utf-8 -*-
2  import random
3  import time
4
5  def quick_sort1( X ):
6      if len(X) > 1:
7          pivot = X.pop( -1 )
8          left = []
9          right = []
10         mid = [pivot]
11         for data in X:
12             if data > pivot:
13                 left.append( data )
14             elif data < pivot:
15                 right.append( data )
16             else:
17                 mid.append( data )
18         X = quick_sort1(left) + mid + quick_sort1(right)
19     return X
20
21
22  def quick_sort2( X ):
23      if len(X) > 1:
24          pivot = X.pop( -1 )
25          left  = [ element for element in X if element > pivot ]
26          right = [ element for element in X if element < pivot ]
27          mid   = [pivot] * (1+len(X)-len(left)-len(right))
28          X = quick_sort2(left) + mid + quick_sort2(right)
```

```
29        return X
30
31
32   num = int(1e4)
33   seed = 1
34
35   print('Quick sort (4.1):')
36   random.seed( seed )
37   x = random.sample( range(num), num )
38   start = time.process_time()
39   x = quick_sort1( x )
40   elapsed_time = time.process_time() - start
41   print( elapsed_time , 'sec' )
42   print( 'Max:', x[0], ' Mid:', x[int(num/2)], ' Min:', x[num-1] )
43
44   print('Quick sort (4.2):')
45   random.seed( seed )
46   x = random.sample( range(num), num )
47   start = time.process_time()
48   x = quick_sort2( x )
49   elapsed_time = time.process_time() - start
50   print( elapsed_time , 'sec' )
51   print( 'Max:', x[0], ' Mid:', x[int(num/2)], ' Min:', x[num-1] )
```

5 章

【1】 Selection sort, Bubble sort, Merge sort, Quick sort, sort メソッド, 関数 sorted でのデータの並べ替えの処理時間の計測するためのプログラムを**プログラム A.4** に示す。5 行目の num の設定でデータ数を，6 行目の seed の設定で発生する乱数系列を変更することができるので，seed の値を変更し，複数回実験を行う。そして，num を変更することでデータ数を変更し，処理時間がどのように変化するかを観測する。

──────── プログラム **A.4** (各アルゴリズムによる処理時間の計測) ────────

```
1   # -*- coding: utf-8 -*-
2   import random
3   import time
4
5   num = int(1e4)
6   seed = 1
7
8   def selection_sort( X ):
9       for k in range( num-1 ):
10          for j in range( k+1, num ):
11              if X[k] < X[j]:
12                  X[k], X[j] = X[j], X[k]
13      return X
14
15
16  def bubble_sort( X ):
17      for k in range( num-1, 0, -1 ):
18          for j in range( k ):
19              if X[j] < X[j+1]:
```

```
20                      X[j], X[j+1] = X[j+1], X[j]
21      return X
22
23
24  def merge_sort( L, R ):
25      if len(L) > 1:
26          L = merge_sort( L[:len(L)//2], L[len(L)//2:] )
27      if len(R) > 1:
28          R = merge_sort( R[:len(R)//2], R[len(R)//2:] )
29      M= []
30      k,j = 0,0
31      while len(L)>k and len(R)>j:
32          if L[k]>R[j]:
33              M.append( L[k] )
34              k=k+1
35          else:
36              M.append( R[j] )
37              j=j+1
38      if len(L)>k:
39          M.extend( L[k:] )
40      elif len(R)>j:
41          M.extend( R[j:] )
42      return M
43
44
45  def quick_sort1( X ):
46      if len(X) > 1:
47          pivot = X.pop( -1 )
48          left = []
49          right = []
50          mid = [pivot]
51          for data in X:
52              if data > pivot:
53                  left.append( data )
54              elif data < pivot:
55                  right.append( data )
56              else:
57                  mid.append( data )
58          X = quick_sort1(left) + mid + quick_sort1(right)
59      return X
60
61
62  def quick_sort2( X ):
63      if len(X) > 1:
64          pivot = X.pop( -1 )
65          left  = [ element for element in X if element > pivot ]
66          right = [ element for element in X if element < pivot ]
67          mid   = [pivot] * (1+len(X)-len(left)-len(right))
68          X = quick_sort2(left) + mid + quick_sort2(right)
69      return X
70
71  print('Selection sort:')
72  random.seed( seed )
73  x = random.sample( range(num), num )
74  start = time.process_time()
```

```
 75  x = selection_sort( x )
 76  elapsed_time = time.process_time() - start
 77  print( elapsed_time , 'sec' )
 78
 79  print('Bubble sort:')
 80  random.seed( seed )
 81  x = random.sample( range(num), num )
 82  start = time.process_time()
 83  x = bubble_sort( x )
 84  elapsed_time = time.process_time() - start
 85  print( elapsed_time , 'sec' )
 86
 87  print('Merge sort:')
 88  random.seed( seed )
 89  x = random.sample( range(num), num )
 90  start = time.process_time()
 91  x = merge_sort( x[:len(x)//2], x[len(x)//2:] )
 92  elapsed_time = time.process_time() - start
 93  print( elapsed_time , 'sec' )
 94
 95  print('Quick sort (4.1):')
 96  random.seed( seed )
 97  x = random.sample( range(num), num )
 98  start = time.process_time()
 99  x = quick_sort1( x )
100  elapsed_time = time.process_time() - start
101  print( elapsed_time , 'sec' )
102
103  print('Quick sort (4.2):')
104  random.seed( seed )
105  x = random.sample( range(num), num )
106  start = time.process_time()
107  x = quick_sort2( x )
108  elapsed_time = time.process_time() - start
109  print( elapsed_time , 'sec' )
110
111  print('sort function:')
112  random.seed( seed )
113  x = random.sample( range(num), num )
114  start = time.process_time()
115  x = sorted( x )
116  elapsed_time = time.process_time() - start
117  print( elapsed_time , 'sec' )
118
119  print('sort method:')
120  random.seed( seed )
121  x = random.sample( range(num), num )
122  start = time.process_time()
123  x.sort()
124  elapsed_time = time.process_time() - start
125  print( elapsed_time , 'sec' )
```

6 章

【1】 線形検索（Linear search），二分検索（Binary search），ハッシュ法（Hash search）でデータ検索処理時間の計測するためのプログラムを**プログラム A.5** に示す。5 行目の num の設定でデータ数を，6 行目の seed の設定で発生する乱数系列を変更することができるので，seed の値を変更し，複数回実験を行う。そして，num を変更することでデータ数を変更し，処理時間がどのように変化するかを観測する。なお，Linear search と Binary search ではリスト中にデータが含まれているかを，Hash search では辞書中にデータが含まれているかを検索していることに注意する。

────── プログラム **A.5** (各アルゴリズムによるデータ探索処理時間の計測) ──────

```
1   # -*- coding: utf-8 -*-
2   import random
3   import time
4
5   num = int(1e7)
6   seed = 1
7
8   def linear_search( List, target ):
9       for key in List:
10          if key == target:
11              return True
12      return False
13
14
15  def binary_search( List, target ):
16      n = len( List )
17      while n > 0:
18          n = len( List ) // 2
19          if List[n] == target:
20              return True
21          elif List[n] > target:
22              List = List[:n]
23          else:
24              List = List[n:]
25      return False
26
27
28  def hashing_search( dict, target ):
29      return target in dict
30
31
32  random.seed( seed )
33  n = random.sample( range(2*num), num )
34  x = { k:k for k in n }
35  target = random.randint( 0, 2*num-1 )
36
37  print('Linear search:')
38  start = time.perf_counter()
39  print( 'The list n contains ', target, ':', linear_search( n, target ) )
40  elapsed_time = time.perf_counter() - start
41  print( elapsed_time , 'sec' )
42
43  print('Binary search:')
```

```
44    start = time.perf_counter()
45    print( 'The list n contains ', target, ':', binary_search( n, target ) )
46    elapsed_time = time.perf_counter() - start
47    print( elapsed_time , 'sec' )
48
49    print('Hash search:')
50    start = time.perf_counter()
51    print( 'The dictionary x contains ', target, ':', hashing_search( x, target ) )
52    elapsed_time = time.perf_counter() - start
53    print( elapsed_time , 'sec' )
```

【2】 剰余をハッシュ関数として格納し探索をする hashing_search2 を実装したプログラムをプログラム A.6 に示す。5 行目の num の設定でデータ数を，6 行目の seed の設定で発生する乱数系列を変更することができる。また 7 行目の key_num が剰余を求めるための数値である。ここでは素数 99991 を用いているが，この数値を例えば 9973 などに変更した場合も検討する。

前問の関数 hashing_search では，データそのものがキーとなった辞書を用いたが，関数 hashing_search2 では，データの剰余がキーとなった辞書を用いる。このため 18 行目ではデータそのものがキーとなった辞書を生成し，19 行目から 21 行目では剰余がキーとなった辞書を生成している。seed の値を変更し，複数回実験を行う。

──────── プログラム A.6 (剰余をハッシュ関数とした場合) ────────

```
1    # -*- coding: utf-8 -*- import random
2    import random
3    import time
4
5    num = int(1e7)
6    seed = 1
7    key_num = 99991 # 99991 は素数
8
9    def hashing_search( dict, target ):
10       return target in dict
11
12   def hashing_search2( dict, target ):
13       return target in dict[target%key_num]
14
15
16   random.seed( seed )
17   n = random.sample( range(2*num), num )
18   dict1 = { k:k for k in n }
19   dict2 = { k:[] for k in range(key_num)}
20   for data in n:
21       dict2[data%key_num].append( data )
22   target = random.randint( 0, 2*num-1 )
23
24   print('hashing_search:')
25   start = time.perf_counter()
26   print( 'The list n contains ', target, ':', hashing_search( dict1, target ) )
27   elapsed_time = time.perf_counter() - start
28   print( elapsed_time , 'sec' )
29
30   print('hashing_search2:')
31   start = time.perf_counter()
```

```
32  print( 'The list n contains ', target, ':', hashing_search2( dict2, target ) )
33  elapsed_time = time.perf_counter() - start
34  print( elapsed_time , 'sec' )
```

7章

【1】 図 7.6 で生成される頂点数 1000，辺数 1400 の単純連結グラフに含まれる橋の数を数えるため，Union-Find アルゴリズムを用いてプログラム 7.4 の check を 1400 の辺，1 本 1 本を代入して橋であるかを確認するプログラムをプログラム **A.7** に示す。

———— プログラム **A.7** (図 7.6 で生成されるグラフに含まれる橋の数) ————

```
1   # -*- coding: utf-8 -*-
2   import random
3
4   random.seed(1)
5
6   N=1000 #頂点数
7   M=1400 #辺数
8
9   edges=[(0,1)]
10  edge_num={1:(0,1)}
11  for k in range(2,N):
12      edges.append((random.randint(0,k-1),k))
13      edge_num[edges[-1][0]*N+edges[-1][1]] = edges[-1]
14
15  m=N
16  while m<M:
17      edge1 = random.randint( 0, N-2 )
18      edge2 = random.randint( edge1+1, N-1 )
19      if edge1*N+edge2 not in edge_num:
20          edges.append( (edge1, edge2 ) )
21          edge_num[edge1*N+edge2] = (edge1, edge2 )
22          m += 1
23
24
25  def Find( sets, target ):
26      for k in range( len(sets) ):
27          if target in sets[k]:
28              return k
29
30
31  def Union( sets, target0, target1 ):
32      set0 = Find( sets, target0 )
33      set1 = Find( sets, target1 )
34      if set0 < set1:
35          sets[set0].update( sets.pop( set1 ) )
36      elif set0 > set1:
37          sets[set1].update( sets.pop( set0 ) )
38      return sets
39
40  bridge_num = 0
41  for check in edges:
```

```
42          sets = [{k} for k in range( N ) ]
43          for edge in edges:
44              if edge!=check:
45                  end0 = Find( sets, edge[0] )
46                  end1 = Find( sets, edge[1] )
47                  if end0 != end1:
48                      sets = Union( sets, edge[0], edge[1] )
49          if len(sets)!=1:
50              bridge_num += 1
51  print('The number of Bridge:', bridge_num )
```

8 章

【1】 図 8.7 で生成される頂点数 N=10000, 辺数 M=N*(N-1)//20 の単純連結重み付きグラフの最小全
域木をクラスカル法とプリム法で求めるプログラムを**プログラム A.8** に示す。頂点数を変化さ
せてそれぞれの計算時間等を比較する。

―――――― プログラム **A.8** (図 8.7 で生成されるグラフの最小全域木を求める) ――――――

```
1   # -*- coding: utf-8 -*-
2   import random
3   import time
4
5   def Find( sets, target ):
6       for k in range( len(sets) ):
7           if target in sets[k]:
8               return k
9
10  def Union( sets, target0, target1 ):
11      set0 = Find( sets, target0 )
12      set1 = Find( sets, target1 )
13      if set0 < set1:
14          sets[set0].update( sets.pop( set1 ) )
15      elif set0 > set1:
16          sets[set1].update( sets.pop( set0 ) )
17      return sets
18
19  random.seed(1)
20  N = 10000
21  M = N*(N-1)//20
22
23  edges=[(1,0,1)]
24  edge_num={1:(1,0,1)}
25  for k in range(2,N):
26      edges.append( ( 1, random.randint(0,k-1), k ))
27      edge_num[edges[-1][1]*N+edges[-1][2]]=edges[-1]
28
29  m=N
30  while m<M:
31      edge1 = random.randint( 0, N-2 )
32      edge2 = random.randint( edge1+1, N-1 )
33      if edge1*N+edge2 not in edge_num:
34          edges.append( ( random.randint( 1, 9 ), edge1, edge2 ) )
```

```
35        edge_num[edge1*N+edge2] = edges[-1]
36        m += 1
37
38   edges = edges[::-1]
39   edges.sort()
40
41   # Kruskal's algorithm
42   print('Kruskal\'s algorithm')
43   sets = [{k} for k in range( N ) ]
44
45   start = time.perf_counter()
46   total_cost = 0
47   for edge in edges:
48      set1 = Find( sets, edge[1] )
49      set2 = Find( sets, edge[2] )
50      if set1 != set2:
51         sets = Union( sets, edge[1], edge[2] )
52         total_cost += edge[0]
53
54   print( 'Minimum cost=', total_cost )
55   elapsed_time = time.perf_counter() - start
56   print( elapsed_time , 'sec' )
57
58
59   # Prim's algorithm
60   print('Prim\'s algorithm:')
61   nodes = { k:{} for k in range( N ) }
62   for edge in edges:
63      nodes[edge[1]][edge[2]] = edge[0]
64
65   start = time.perf_counter()
66   unused = { k for k in range(1,N) } # 最初の頂点は頂点 0
67   used = {0}                         # 頂点 0 を使用済み集合に追加
68   total_cost=0
69   while unused:
70      min=float('inf')
71      for i in used:
72         for j in [tmp for tmp in nodes[i].keys() if tmp in unused]:
73            if nodes[i][j]<min:
74               min = nodes[i][j]
75               min_used = i
76               min_unused = j
77      unused.discard( min_unused )
78      used.add( min_unused )
79      total_cost += nodes[min_used][min_unused]
80   print( 'Minimum cost=', total_cost )
81   elapsed_time = time.perf_counter() - start
82   print( elapsed_time , 'sec' )
```

9 章

【1】 プログラム 9.3 で生成される N*M の迷路で start = 0 から destination = N*M-1 までの経路を幅優先探索（BFS），深さ優先探索（DFS）で探索するプログラムをプログラム A.9 に示す。

頂点数を変化させてそれぞれの計算時間等を比較する。

──────── **プログラム A.9** (プログラム 9.3 で生成される迷路での経路を求める) ────────

```
1   # -*- coding: utf-8 -*-
2   import random
3   import time
4
5   N=10
6   M=10
7   edges=[]
8
9   def Find( sets, target ):
10      for k in range( len(sets) ):
11          if target in sets[k]:
12              return k
13
14  def Union( sets, target0, target1 ):
15      set0 = Find( sets, target0 )
16      set1 = Find( sets, target1 )
17      if set0 < set1:
18          sets[set0].update( sets.pop( set1 ) )
19      elif set0 > set1:
20          sets[set1].update( sets.pop( set0 ) )
21      return sets
22
23  random.seed(1)
24  for n in range( N ):
25      for m in range( M ):
26          if m<M-1:
27              edges.append((random.randint(0,9), n*M+m, n*M+(m+1)))
28          if n<N-1:
29              edges.append((random.randint(0,9), n*M+m, (n+1)*M+m))
30  edges.sort()
31
32  maze=[]
33  sets = [{k} for k in range( N*M ) ]
34  for edge in edges:
35      set1 = Find( sets, edge[1] )
36      set2 = Find( sets, edge[2] )
37      if set1 != set2:
38          sets = Union( sets, edge[1], edge[2] )
39          maze.append(( edge[1], edge[2] ))
40  maze.sort()
41  for n in range( N ):
42      for m in range( M ):
43          if (n*N+m,n*N+(m+1)) in maze:
44              print( '{0:2d}-'.format(n*N+m), end='' )
45          else:
46              print( '{0:2d} '.format(n*N+m), end='' )
47      print(' ')
48      for m in range( M ):
49          if (n*N+m,(n+1)*N+m) in maze:
50              print( ' | ', end='' )
51          else:
52              print( '   ', end='' )
```

```
53        print(' ')
54
55
56   start = 0
57   destination = N*M-1
58
59   nodes = { k :[] for k in range( N*M ) }
60   for edge in maze:
61       nodes[edge[0]].append( edge[1] )
62       nodes[edge[1]].append( edge[0] )
63
64   # BFS
65   depth = { k:float('inf') for k in range( N*M ) }
66   depth[start] = 0
67   visited = {start}
68
69   queue = [start]    # for BFS
70   while queue[0] != destination:
71       for node in nodes[queue[0]]:
72           if node not in visited:
73               depth[node] = depth[queue[0]]+1
74               queue.append( node )
75               visited.add( node )
76       del queue[0]
77
78   route=[destination]
79   node = destination
80   while node != start:
81       for prenode in nodes[node]:
82           if depth[prenode]<depth[node]:
83               route.append( prenode )
84               node = prenode
85               break
86   print( route[::-1] )
87
88   start = 0
89   destination = N*M-1
90
91   # DFS
92   depth = { k:float('inf') for k in range( N*M ) }
93   depth[start] = 0
94   visited ={start}
95
96   stack = [start]    # for DFS
97   while stack[-1] != destination:
98       for node in nodes[stack[-1]]:
99           if node not in visited:
100              depth[node] = len( stack )
101              stack.append( node )
102              visited.add( node )
103              break
104      else:
105          del stack[-1]
106
```

```
107   print( stack )
```

10 章

【1】 プログラム 10.3 で生成される単純連結重み付き有向グラフにおいて **start** を 0，**destination** を N*M-1 としたときの最短経路をベルマン・フォード法およびダイクストラ法で求めるプログラムを**プログラム A.10** に示す。頂点数を変化させてそれぞれの計算時間等を比較する。

―――― **プログラム A.10** (プログラム 10.3 で生成される有向グラフの最短経路を求める) ――――

```
1    # -*- coding: utf-8 -*-
2    import random
3
4    N=100
5    M=100
6    vertex = N*M
7
8    start = 0
9    destination = N*M-1
10
11
12   def Find( sets, target ):
13       for k in range( len(sets) ):
14           if target in sets[k]:
15               return k
16
17   def Union( sets, target0, target1 ):
18       set0 = Find( sets, target0 )
19       set1 = Find( sets, target1 )
20       if set0 < set1:
21           sets[set0].update( sets.pop( set1 ) )
22       elif set0 > set1:
23           sets[set1].update( sets.pop( set0 ) )
24       return sets
25
26
27   random.seed(1)
28   source=[]
29   for n in range( N ):
30       for m in range( M ):
31           if m<M-1:
32               source.append((random.randint(0,9), n*M+m, n*M+(m+1)))
33           if n<N-1:
34               source.append((random.randint(0,9), n*M+m, (n+1)*M+m))
35   source.sort()
36
37
38   edges=[]
39   nodes = { k:{} for k in range( vertex )}
40   sets = [{k} for k in range( vertex ) ]
41   for edge in source:
42       set1 = Find( sets, edge[1] )
43       set2 = Find( sets, edge[2] )
```

```
44      if set1 != set2:
45          sets = Union( sets, edge[1], edge[2] )
46          weight = random.randint(1,9)
47          edges.append(( weight, edge[1], edge[2] ))
48          edges.append(( weight, edge[2], edge[1] ))
49          nodes[edge[1]][edge[2]] = weight
50          nodes[edge[2]][edge[1]] = weight
51
52  termination=[]
53  for k in range( vertex ):
54      if len( nodes[k].keys() ) == 1:
55          termination.append( k )
56  source = [termination[2*k:2*(k+1)] for k in range(len(termination)//2)]
57  for edge in source:
58      weight = random.randint(5,9)
59      edges.append(( weight, edge[0], edge[1] ))
60      nodes[edge[0]][edge[1]] = weight
61
62
63  # Bellman-Ford algorithm
64  print('Bellman-Ford algorithm:')
65  cost = [ [float('inf'),k] for k in range( vertex ) ]
66  cost[start]=[0,start]
67  flag = True
68  while flag:
69      flag = False
70      for edge in edges:
71          if cost[edge[2]][0] > cost[edge[1]][0] + edge[0]:
72              cost[edge[2]] = [cost[edge[1]][0] + edge[0], edge[1]]
73              flag = True
74
75  pre = destination
76  route=[destination]
77  while pre!=start:
78      pre = cost[pre][1]
79      route.append( pre )
80  print( 'The shortest cost :\n', cost[destination][0] )
81  print( 'The shortest path :\n', route[::-1] )
82
83
84  # Dijkstra's algorithm
85  print('Dijkstra\'s algorithm:')
86  nodes = { k:{} for k in range( vertex ) }
87  for edge in edges:
88      nodes[edge[1]][edge[2]] = edge[0]
89  vertex_cost = [[float('inf'),k] for k in range( vertex ) ]
90  vertex_cost[start]=[0,start]
91  visited = {start}
92  while destination not in visited:
93      tmp_cost = float('inf')
94      for node1 in visited:
95          for node2 in [ tmp for tmp in nodes[node1].keys() if tmp not in visited]:
96              if tmp_cost > vertex_cost[node1][0] + nodes[node1][node2]:
97                  tmp_cost = vertex_cost[node1][0] + nodes[node1][node2]
98                  tmp_pre  = node1
```

```
99              tmp_post = node2
100      vertex_cost[tmp_post] = [tmp_cost, tmp_pre]
101      visited.add( tmp_post )
102
103  pre = destination
104  route=[destination]
105  while pre!=start:
106      pre = vertex_cost[pre][1]
107      route.append( pre )
108  print( 'The shortest cost :\n', vertex_cost[destination][0] )
109  print( 'The shortest path :\n', route[::-1] )
```

11 章

【1】 プログラム 11.2 で生成される総頂点数 N の単純連結重み付き有向グラフにおいて start を 0，destination を N-1 としたときの最大フローをフォード・ファルカーソン法で求めるプログラムをプログラム **A.11** に示す。N の大きさを変えて計算時間等を比較する。

—— プログラム **A.11** (プログラム 11.2 で生成される有向グラフの最大フローを求める) ——

```
1  # -*- coding: utf-8 -*-
2  import random
3
4  N=100
5  vertex = N
6
7  def Find( sets, target ):
8      for k in range( len(sets) ):
9          if target in sets[k]:
10             return k
11
12 def Union( sets, target0, target1 ):
13     set0 = Find( sets, target0 )
14     set1 = Find( sets, target1 )
15     if set0 < set1:
16         sets[set0].update( sets.pop( set1 ) )
17     elif set0 > set1:
18         sets[set1].update( sets.pop( set0 ) )
19     return sets
20
21 random.seed(1)
22
23 edges=[]
24 nodes = { k:{} for k in range( vertex )}
25 for k in range( vertex-1 ):
26     for m in range( 0, (vertex-k)//10 + 1 ):
27         n = random.randint( k+1, vertex-1 )
28         nodes[k][n] = random.randint( 1, 9 )
29     for m in nodes[k].keys():
30         edges.append(( nodes[k][m], k, m ))
31
32 start = 0           # 始点
33 destination = N-1   # 終点
```

```
34
35  flow = { k: {} for k in range(vertex) }
36  residual = { k: {} for k in range(vertex) }
37  total_flow = 0
38  for edge in edges:
39      flow[edge[1]][edge[2]] = [0, edge[0] ]
40      residual[edge[1]][edge[2]] = edge[0]
41      residual[edge[2]][edge[1]] = 0
42
43
44  stack = [start]
45  while stack:   # stack が空になるまで続ける
46      visited = [start]
47      stack = [start]
48      while stack[-1] != destination:
49          for node in residual[stack[-1]].keys():
50              if node not in visited and residual[stack[-1]][node]>0:
51                  stack.append( node )
52                  visited.append( node )
53                  break
54          else:
55              del stack[-1]
56              if len( stack ) == 0:
57                  break
58      else:
59          min = float('inf')
60          for k in range( len( stack ) - 1 ):
61              if min > residual[stack[k]][stack[k+1]]:
62                  min = residual[stack[k]][stack[k+1]]
63          for k in range( len( stack ) - 1 ):
64              if stack[k+1] in flow[stack[k]]:
65                  flow[stack[k]][stack[k+1]][0]  = flow[stack[k]][stack[k+1]][0]  + min
66              else:
67                  flow[stack[k+1]][stack[k]][0]  = flow[stack[k+1]][stack[k]][0]  - min
68
69              residual[stack[k]][stack[k+1]] = residual[stack[k]][stack[k+1]] - min
70              residual[stack[k+1]][stack[k]] = residual[stack[k+1]][stack[k]] + min
71          total_flow = total_flow + min
72
73  for k in range( vertex ):
74      for j in flow[k].keys():
75          print ( k, '->', j, ' : ', flow[k][j] )
76  print( 'Max flow=', total_flow )
```

12 章

【 1 】 プログラム 12.2 で生成される頂点数 N の $V_1(G)$ と，頂点数 M の $V_2(G)$ からなる二部グラフの最大マッチングを求めるプログラムをプログラム A.12 に示す。N と M の大きさを変えて計算時間等を比較する。

―― プログラム A.12 (プログラム 12.2 で生成される二部グラフの最大マッチングを求める) ――

```
1   # -*- coding: utf-8 -*-
```

```
 2   import random
 3
 4   N=100
 5   M=100
 6
 7   random.seed(1)
 8
 9   edges=[]
10   nodes = { k:set() for k in range( 1, N+1 ) }
11   for k in range( 1, N+1 ):
12       for m in range( random.randint( 1, M//4 ) ):
13           nodes[k].add( random.randint( N+1, N+M ) )
14       for m in nodes[k]:
15           edges.append(( k, m ))
16
17   vertex = N+M+2
18
19   start = 0
20   destination = vertex-1
21
22   flow = { k: {} for k in range(vertex) }
23   residual = { k: {} for k in range(vertex) }
24
25   # V_1(G) から V_2(G)
26   for edge in edges:
27       flow[edge[0]][edge[1]] = [0, 1 ]
28       residual[edge[0]][edge[1]] = 1
29       residual[edge[1]][edge[0]] = 0
30   # s から V_1(G)
31   for k in range( 1, 1+N ):
32       flow[0][k] = [0, 1 ]
33       residual[0][k] = 1
34       residual[k][0] = 0
35   # s から V_1(G)
36   for k in range( 1+N, 1+N+M ):
37       flow[k][vertex-1] = [0, 1 ]
38       residual[k][vertex-1] = 1
39       residual[vertex-1][k] = 0
40
41   total_flow = 0
42   stack = [start]
43   while len( stack ) > 0:
44       visited = [start]
45       stack = [start]
46       while stack[-1] != destination:
47           for node in residual[stack[-1]].keys():
48               if node not in visited and residual[stack[-1]][node]>0:
49                   stack.append( node )
50                   visited.append( node )
51                   break
52           else:
53               del stack[-1]
54               if len( stack ) == 0:
55                   break
56       else:
```

```
57          min = float('inf')
58          for k in range( len( stack ) - 1 ):
59              if min > residual[stack[k]][stack[k+1]]:
60                  min = residual[stack[k]][stack[k+1]]
61          for k in range( len( stack ) - 1 ):
62              if stack[k+1] in flow[stack[k]]:
63                  flow[stack[k]][stack[k+1]][0]  = flow[stack[k]][stack[k+1]][0]  + min
64              else:
65                  flow[stack[k+1]][stack[k]][0]  = flow[stack[k+1]][stack[k]][0]  - min
66
67              residual[stack[k]][stack[k+1]] = residual[stack[k]][stack[k+1]] - min
68              residual[stack[k+1]][stack[k]] = residual[stack[k+1]][stack[k]] + min
69          total_flow = total_flow + min
70  for k in range( 1, N+1 ):
71      for j in flow[k].keys():
72          if flow[k][j][0] != 0:
73              print( k, '->', j, )
74  print( 'Max flow=', total_flow )
```

13 章

【1】 プログラム 13.3 で生成される N 個の荷物を用い，総重量 limit_weight が N*5 のとき総価値
が最大となる組合せを貪欲法および動的計画法で求めるプログラムを**プログラム A.13** に示す。
　なおプログラム 13.3 の貪欲法では単位重さ当りの価値が高いものから選択する場合である。

── **プログラム A.13** (プログラム 13.3 で生成される荷物の総価値が最大となる組合せを求める) ──

```
1  # -*- coding: utf-8 -*-
2  import random
3
4  N=50
5
6  random.seed(1)
7
8  weights = random.sample( range( 1, N*3 ), N )
9  objects = [[ k, random.randint(1,1000), w] for k, w in enumerate( weights ) ]
10
11  limit_weight = N*5
12
13  def knapsack( item, weight ):
14      if item >= len( objects ):
15          return [0, []]
16      elif weight - objects[item][2] < 0:
17          return knapsack( item+1, weight )
18      else:
19          dp1 = knapsack( item+1, weight )
20          dp2 = knapsack( item+1, weight - objects[item][2] )
21          dp2[0] =  dp2[0] + objects[item][1]
22          if dp1[0] > dp2[0]:
23              return dp1
24          else:
25              dp2[1].append( objects[item][0] )
26              return dp2
```

```
27
28   print('Greedy algorithm:')
29   obj = [ [tmp[1]/tmp[2], tmp[0], tmp[1], tmp[2]] for tmp in objects ]
30   obj.sort( reverse=True )
31   total_value = 0
32   total_weight = 0
33   objs = []
34   for o in obj:
35       if total_weight + o[3] < limit_weight :
36           total_weight += o[3]
37           total_value  += o[2]
38           objs.append( o[1] )
39       else:
40           break
41   print('constraint:', limit_weight )
42   print('total weight:', total_weight )
43   print('Max value=', total_value )
44   print('  objects:', objs )
45
46
47   print('Dynamic programming:')
48   dp = knapsack( 0, limit_weight )
49   weight = 0
50   for o in dp[1]:
51       weight += objects[o][1]
52   print('total weight:', weight )
53   print('Max value=', dp[0] )
54   print('  objects:', dp[1] )
```

14 章

【 1 】　ミニマックス法により 3 目並べの対戦を行えるプログラムを**プログラム A.14** に示す。

─── プログラム **A.14** (ミニマックス法による 3 目並べの対戦プログラム) ───

```
1    # -*- coding: utf-8 -*-
2    import numpy as np
3
4    def check_gameset( board ):
5        row = []
6        for k in range(3):
7            if board & (7<<(3*k)) == (7<<(3*k)):
8                return True
9            if board & (73<<k) == (73<<k):
10               return True
11       if ( board & 273 ) ==273:
12           return True
13       if ( board & 84 ) == 84:
14           return True
15       else:
16           return False
17
18
19   def evaluation( boardA, boardB, turn ):
```

```
20        board = boardA + boardB
21        if turn:
22            if check_gameset( boardA ):
23                return 10
24        else:
25            if check_gameset( boardB ):
26                return -10
27        if board >= 511:
28            return 0
29
30        pieces = { 1<<k for k in range(9) if board&(1<<k)!=(1<<k) }
31        if turn:
32            min = 10
33            for piece in pieces:
34                eval = evaluation( boardA, boardB + piece, not( turn ) ) + 2
35                if min>eval:
36                    min = eval
37            return min
38        else:
39            max = -10
40            for piece in pieces:
41                eval = evaluation( boardA + piece, boardB, not( turn ) ) - 1
42                if max<eval:
43                    max = eval
44            return max
45
46  def print_block( boardA, boardB ):
47        board = boardA + boardB
48        for k in range(9):
49            if (board>>k) & 1:
50                if (boardA>>k) & 1:
51                    print('O', end='')
52                else:
53                    print('X', end='')
54            else:
55                print('.', end='')
56            if k%3==2:
57                print(' ')
58
59
60  boardA = 0
61  boardB = 0
62  board = boardA + boardB
63  print_block( boardA, boardB )
64
65  turn = False
66  for loop in range( 9 ):
67        board = boardA + boardB
68        pieces = { 1<<k for k in range(9) if board&(1<<k)!=(1<<k) }
69        if turn:
70            print('Your turn')
71            print('012')
72            print('345')
73            print('678')
74            flag=True
```

```
75        while flag:
76            loc = int(input('Please input the location:'))
77            if 0<= loc <= 8:
78                if board&(1<<loc) == 0:
79                    boardA += (1<<loc)
80                    flag = False
81        print_block( boardA, boardB )
82        if check_gameset( boardA ):
83            print('You win')
84            break
85    else:
86        print('COM turn')
87        min = 50
88        for piece in pieces:
89            eval = evaluation( boardA, boardB+piece, turn )
90            if eval<min:
91                min = eval
92                min_arg = piece
93        boardB += min_arg
94        print_block( boardA, boardB )
95        if check_gameset( boardB ):
96            print('COM win')
97            break
98    turn = not( turn )
99 print('Draw')
```

索　　引

—— 著 者 略 歴 ——

1991年　法政大学工学部電気工学科卒業
1993年　法政大学大学院工学研究科博士前期課程修了（電気工学専攻）
1996年　法政大学大学院工学研究科博士後期課程修了（電気工学専攻），博士（工学）
1996年　上智大学助手
1998年　日本工業大学助手
1999年　日本工業大学専任講師
2003年　日本工業大学助教授
2004年　関東学院大学助教授
2007年　関東学院大学准教授
2008年　ERATO 合原複雑数理モデルプロジェクト研究員
2009年　日本工業大学准教授
2010年　日本工業大学教授
2018年　東京都市大学教授
　　　　現在に至る

Python によるアルゴリズム設計
Algorithm Design with Python　　　　　　　　　　　　ⓒ Kenya Jinno 2022

2022 年 9 月 26 日　初版第 1 刷発行　　　　　　　　　　　　　　　　　★

検印省略	著　　者	神　野　健　哉
	発 行 者	株式会社　コ ロ ナ 社
		代 表 者　牛 来 真 也
	印 刷 所	三 美 印 刷 株 式 会 社
	製 本 所	有限会社　愛 千 製 本 所

112−0011　東京都文京区千石 4−46−10
発 行 所　株式会社 コ ロ ナ 社
CORONA PUBLISHING CO., LTD.
Tokyo Japan
振替 00140−8−14844・電話(03)3941−3131(代)
ホームページ https://www.coronasha.co.jp

ISBN 978−4−339−02930−7　C3055　Printed in Japan　　　　　　（齋藤）